首饰设计
综合表现技法

唐一苇　编著

化学工业出版社

·北京·

本书主要内容包括首饰绘图工具、首饰基本结构等基础知识，首饰的线条、金属及表面肌理、宝石镶嵌结构的绘制方法，还有以彩色铅笔、水粉颜料、水彩颜料为例的上色技法。

本书适用于首饰设计与工艺专业的学生以及首饰设计爱好者和初学者学习参考。

图书在版编目（CIP）数据

首饰设计综合表现技法/唐一苇编著． —北京：化学工业出版社，2019.6（2024.2重印）
ISBN 978-7-122-34189-1

Ⅰ．①首… Ⅱ．①唐… Ⅲ．①首饰-设计
Ⅳ．①TS934.3

中国版本图书馆CIP数据核字（2019）第054983号

责任编辑：邢　涛　　　　　　　　　文字编辑：谢蓉蓉
责任校对：杜杏然　　　　　　　　　装帧设计：韩　飞

出版发行：化学工业出版社（北京市东城区青年湖南街13号　邮政编码100011）
印　　装：北京宝隆世纪印刷有限公司
710mm×1000mm　1/16　印张8　字数123千字　2024年2月北京第1版第4次印刷

购书咨询：010-64518888　　　　　　　售后服务：010-64518899
网　　址：http://www.cip.com.cn
凡购买本书，如有缺损质量问题，本社销售中心负责调换。

定　　价：59.80元

首饰的绘画技法，是从事首饰设计工作的一项不可缺少的技巧，应用于设计的各个阶段。在设计的初级阶段，绘画主要用于记录创作灵感、设计变化的过程，落实研究和表达视觉理念；中后期则有助于帮助设计师准确地绘制出首饰的结构，以便展示给客户，或者是与工厂制作对接。

"综合表现技法"是首饰设计与工艺专业的一门职业能力必修课，主要内容包括首饰设计中多种材料的综合运用和表达，与首饰设计、商业首饰设计、流行饰品设计及制作等课程相辅相成，能够进一步提高学生的首饰绘制能力，并夯实首饰设计基础。作为一门专业基础课程，着重于培养学生的基本的产品造型审美和效果图绘制技巧。

本书从介绍各种刻面宝石以及各种首饰的透视和结构等基础知识开始，分步骤地演示了如何手绘不同品种、不同材质以及不同佩戴部位的首饰，选取了大量手绘效果图用于参考。表现技法因人而异，本书所呈现的技法也只是其中一二，有不当之处敬请各位同行、专家不吝指教。

在此由衷地感谢在写作过程中，给予本人大力支持和帮助的广州番禺职业技术学院珠宝学院首饰设计与工艺专业的老师们，感谢王昶教授在百忙之中帮助审稿。由于本人水平有限，书中难免存在疏漏和不妥之处，敬请广大读者批评指正。

唐一苇

2019年1月

目 录
CONTENTS

第一章

首饰设计综合表现技法概述

首饰的综合表现技法是首饰设计师的必备技能，它重点突出手绘技能的训练，使用多种绘图工具进行训练，以提高设计师的手绘功底和造型水平为最终目的。

 **首饰设计综合表现技法的常用手段**

"条条大路通罗马"，对于首饰设计师来说，综合表现技法只是用来展现设计理念的方法之一。此外，还可借助电脑辅助设计以及工艺制作等不同方式来表达。同样在学习综合表现技法的过程中所使用的工具也远不止一种，甚至还可以根据个人绘图习惯，创造出最适合自己的方法，甚至工具。

最常见的方法有彩色铅笔、水粉颜料和水彩颜料三种，除此之外还有马克笔和数位板等，在这里首先对这几种表现形式的优缺点进行分析，大家可以根据自己的实际情况，有针对性地进行选择（表1-1）。

表1-1 综合表现技法各类工具优、缺点对比表

表现形式	优点	缺点
彩色铅笔	便于携带，快速上色，珠宝首饰设计师必备（最适合初学者的工具）	色彩浓度相对较低，对比不够强烈
水粉颜料	覆盖能力强，可以在任意彩色卡纸上直接使用，色彩鲜艳，对比强烈	不便于携带，控制细节有难度
水彩颜料	色彩通透干净，特别适合画宝石，透明感十足	不便于携带，不易上手，需要一定水彩绘画基础
马克笔	便于携带，快速上色，不易混色	不可更改，需要一定马克笔绘画基础
数位板	节约纸张，便于修改和后期处理，效果逼真	成本高，不便携带

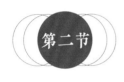

第二节　首饰设计综合表现技法的画法分类与流程

　　珠宝首饰综合表现技法需要攻克两座"大山"，一座是宝石，一座是金属。宝石是当之无愧的主角，琢型多样，色彩丰富。金属则是最可靠的配角，无处不在的坚实后盾，低调奢华。

　　不论是刻面型宝石，还是弧面型宝石，它们的结构就是"绘制公式"，掌握公式之后便可以应对各种琢型的宝石。先对宝石的琢型、色彩和光泽度进行观察，然后从临摹开始，逐步记忆宝石的样式，最终达到可以默写的程度。

　　下面以彩色铅笔为例，用一句话来总结珠宝首饰综合表现技法，就是由浅至深的渐变叠加过程。综合表现技法效果图的完整流程，首先是设计稿草图绘制，其次是首饰效果图的绘制，最后是装裱和后期处理（图1-1）。这里需要注意的一点是在首饰设计大赛中，通常会对作品提出装裱要求。作品装裱之后的展示，也是设计师表现实力的一部分。

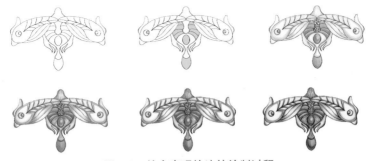

图1-1　综合表现技法的绘制过程

 首饰设计综合表现技法的技能提升办法

俗话说："台上一分钟，台下十年功"。综合表现技法是一门在掌握技术方法的前提下，需要大量练习才能够看到改变和进步的，没有捷径可走。技法的熟练与否，会直接影响设计师绘制设计图的准确度。在绘制练习过程中，不仅要多思考，还要熟练掌握金属、宝石以及镶嵌方式等相关的专业知识。除了绘制和思考外，还要学会观察，一个优秀的设计师一定是拥有一双善于观察的眼睛，通过观察产生的视觉记忆，也能成为未来设计时的助力。总之，提升综合表现技法的方法，通常有以下三种。

1. 扎实的基础练习

包括线条的练习，综合表现技法的优劣，很大程度上受设计师本人美术功底的影响，勤能补拙，通过扎实的练习打好基础，对将来的设计会起到很大的帮助。除了线条还有金属、宝石和镶嵌方式等基础的练习，尽量做到极致，画到自己的极限为止。

2. 实物观察和记忆

通过对实物的观察，观察珠宝首饰金属的颜色和宝石的颜色，以及首饰转折、高光、反光等细节，形成视觉记忆。在设计时，能够举一反三，准确地绘制出首饰的细节。

3. 大量临摹

通过对首饰实物或者他人手绘作品的临摹，提升自己的绘图能力，同时通过临摹他人的首饰设计作品图，学习处理首饰设计细节的经验等（图1-2）。

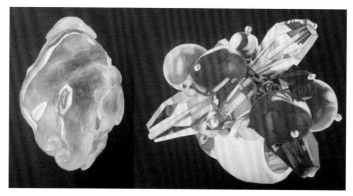

图1-2　首饰实物的临摹作品

　**首饰设计综合表现技法的工具**

目前，在首饰设计领域最常用的集中综合表现技法有：彩色铅笔、水粉颜料、水彩颜料。其中，彩色铅笔是最容易上手的，也是首饰设计师们必须掌握的技能。但是，彩色铅笔上色的效果相对清淡，所以多用于草稿和一般效果图的绘制，在参加设计比赛或者是绘制展示效果图时，通常使用水粉颜料和水彩颜料。

一、纸

1. A4白纸

A4白纸分为两种，一种是通常用于普通打印的打印纸，另一种是稍微厚一点的白卡纸。用于绘制首饰的纸要求70g以上，普通A4打印纸是首饰设计中最常用的纸张，一般用于起稿和彩色铅笔绘制，有时候也用于马克笔上色的草稿效果图中（图1-3）。白卡纸则多用于水粉类工具和马克笔，尤其适合深色材料的绘制，不适合钻石等浅色宝石。

图1-3　A4白纸

2. 灰卡纸

灰卡纸多用于绘制水粉，适合于大部分首饰材料的绘制，是首饰设计表现技法图中比较常用的一种纸（图1-4）。

图1-4　灰卡纸

3. 黑卡纸

黑卡纸多用于水粉绘制，不适合深色首饰材料的绘制，但尤其适合钻石类首饰的绘制（图1-5）。

4. 牛皮纸

牛皮纸多用于水粉绘制，相对上述黑、白、灰卡纸运用较少，可用于首饰表现技法展示的绘制（图1-6）。

图1-5　黑卡纸

5. 水彩纸

水彩纸表面有肌理，吸水性强，用于水彩绘制（图1-7）。

6. 彩色卡纸

彩色卡纸是所有卡纸类中使用较少的一种纸张，由于底色过于丰富，

图1-6　牛皮纸

图1-7 水彩纸

有时会影响主体首饰的观感，可以根据效果图展示需求选择（图1-8）。

7. 拷贝纸

拷贝纸又称硫酸纸，用来覆盖在草稿上绘制正稿（图1-9）。

二、笔

1. 自动铅笔

由于首饰效果图和设计图，要求按照1∶1的比例绘制，所以通常选用笔芯为0.3mm和0.5mm的自动铅笔（图1-10）。

2. 0.5mm黑色圆珠笔

0.5mm黑色圆珠笔，主要用于首饰效果图外形结构的勾线，可以绘制深浅变化的线条，易于上手掌握，适合初学者（图1-11）。

图1-8 彩色卡纸

图1-9 拷贝纸

图1-10 自动铅笔和笔芯

图1-11 0.5mm黑色圆珠笔

3. 针管笔

针管笔用于首饰效果图外形结构的勾线，颜色较深，不易上手，适合熟练者（图1-12）。

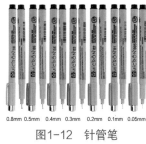

图1-12 针管笔

4. 彩色铅笔

彩色铅笔是适用于初学者的上色工具，同时也是快速绘制效果图的首选工具，首饰设计师的必备工具，便于携带，绘图效率高（图1-13）。

图1-13 彩色铅笔

5. 尖头水彩画笔或花枝俏毛笔

尖头水彩画笔或花枝俏毛笔用于水粉、水彩上色，尖头水彩画笔偏硬（图1-14），花枝俏毛笔偏软，绘制的时候可以相互结合。

6. 极细勾线笔

极细勾线笔用于刻画首饰精细的局部，首饰效果图绘制过程中必备的工具（图1-15）。

图1-14 尖头水彩画笔　　　　　　　　图1-15 极细勾线笔

图1-16　自来水笔

7. 自来水笔

自带储存水管的自来水笔，携带比较方便（图1-16）。

图1-17　马克笔

8. 马克笔

马克笔类似彩色铅笔，上色效果快，与水粉、水彩相比，便于携带，但是上手度比彩色铅笔难一些，同时容错率也低一些（图1-17）。

图1-18　首饰设计专用绘图尺

三、尺

1. 首饰设计专用绘图尺

专业的首饰设计绘图尺，一般选用美国泰米（Timely）首饰设计专用尺，该尺子包括宝石常见刻面和普通的圆形、椭圆形等模板，是目前首饰设计专业学生必备的一套工具（图1-18）。

2. 透明的四件套组尺

常见的四件套组尺，可以用于测量从而达到精致绘图，为了方便设计，选择透明款为佳（图1-19）。

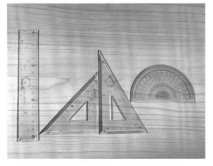

图1-19　透明的四件套组尺

图1-20　曲线板

图1-21　蛇形尺

图1-22　软橡皮

3. 曲线板

曲线板拥有固定曲线，多用于首饰曲面造型的绘制（图1-20）。

4. 蛇形尺

蛇形尺可以弯曲成任意曲线，用于绘制首饰造型的任意曲线（图1-21）。

四、其他

1. 橡皮擦和可塑橡皮

橡皮擦选择软橡皮（图1-22），不伤纸。可塑橡皮可以用于清理水彩纸或一些铅粉污渍。

2. 颜料

颜料主要有水粉颜料（图1-23）和水彩颜料两种。水彩颜料又可分为：普通的水彩颜料和便携的固体水彩颜料（图1-24）。

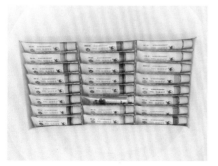

图1-23　水粉颜料

图1-24　便携的固体水彩颜料

图1-25　圆规

3. 圆规

圆规用于绘制各种大小的圆形和半圆形（图1-25）。

图1-26　游标卡尺

4. 游标卡尺

游标卡尺用于测量宝石的大小和首饰的尺寸（图1-26）。

图1-27　羽毛扫

5. 羽毛扫

扫除画面橡皮屑，保持画面整洁（图1-27）。

第二章

首饰手绘基础

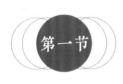

第一节　透视和转折

自然界的物体因为存在空间关系所以会产生透视，比如我们站在一条马路上的时候，在现实中是一样宽度的道路，但是在视觉上却会产生变化（图2-1），这就是我们常说的透视。

图2-1　自然界中的透视

　　珠宝首饰虽小，但是属于3D立体的实物，在绘制的过程中需要考虑到客观存在的透视。首饰效果图的透视处理，必须要体现出近大远小和虚实关系。比如珍珠项链中的珍珠（图2-2），就可以通过透视来表现空间的虚实关系。

图2-2　珍珠项链的透视

　　在绘制首饰效果图时，需要注意两方面的透视，一个是结构透视，一个是色彩透视。

一、结构透视

　　主要透视方法有：一点透视、二点透视、三点透视，根据灭点（也就是视线的消失点）的数量而定（图2-3）。在首饰设计实践中，由于珠宝的体积大多较小，透视效果相对较弱，一般采用一点透视（平行透视）或两点透视（成角透视）。

　　绘制首饰一般接触比较多的就是点的透视和圆的透视。在确定好水平视角的前提下，利用好辅助线可以帮助我们快速地找到灭点（图2-4）。通过辅助线寻找两个灭点可以帮助我们绘制正方体的正确结构。

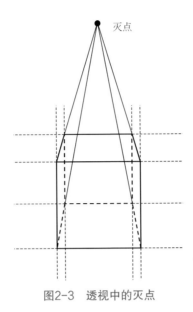

图2-3　透视中的灭点

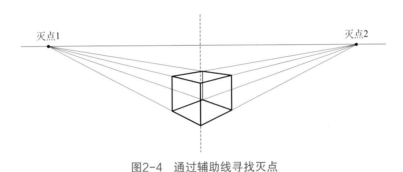

图2-4　通过辅助线寻找灭点

在首饰中，结构透视最难表现也最容易出错的就是戒指，在绘制戒指的透视结构时，可以同时结合点的透视和圆的透视，把戒指当作一个圆柱体来绘制，然后掏空内部得到正确的透视结构，再绘制戒指上的装饰（图2-5）。

1.　按照45°的倾斜角度，画出基本的椭圆。

2.　在椭圆的下方再画出一个稍小并平行的椭圆。擦去辅助线并连接两个端点。

3.　分别在两个椭圆的外侧画出较大的椭圆，表示金属的厚度，连接两个较大椭圆的端点。

4.擦去多余的线，绘制阴影。

图2-5　绘制戒指的方法

　　如果绘制首饰图时，没有处理好结构透视，就会导致最终的效果图看上去特别奇怪，充满了违和感，尤其是戒指，经常会出现翻过来的现象。

二、色彩透视

　　在自然界中由于大气的原因，造成距离我们远近不同的同一颜色，出现颜色变化的现象，就是色彩透视。比如我们站在山上远眺时，远山的颜色就会比近处的山灰暗一些（图2-6）；或者一条林荫大道距离我们近的树是青绿色，然而离我们比较远的树就变成了暗绿色；又或者在海边靠近岸边的海水颜色比较淡，但是在海天相接的位置海水会变成深蓝色。在有雾或者雾霾的天气，色彩透视就显得更加明显了。

图2-6　自然界中的色彩透视

　　具体到首饰图的绘制中，可以简单地理解为近实远虚的关系。首饰比较小，受到色彩透视的影响几乎为零，但是在绘制过程中，我们可以利用好色彩透视的技巧，让首饰看上去更加逼真和写实。

　　比如一条项链，一般会注重刻画吊坠部分，连接搭扣链的重复部分的链身，通常会选择减弱或者渐变和省略来处理（图2-7）。

图2-7　项链的色彩透视

三、转折

物体发生转折就形成了面。面与面之间的转折，就形成了物体的体积感。物体在光源的影响下，会有受光（亮）面、灰面、暗面、明暗交界线和反光部分，并且会产生投影（图2-8）。其中，明暗交界线是整个首饰物件色调最重的部位，在进行绘制调子或者上色的表达中，经常会强调这一部分，采取加深色调的手法。

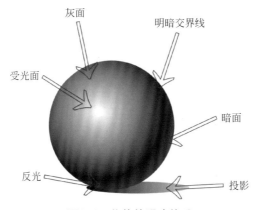

图2-8　物体的明暗关系

相对其他绘画形式来说，首饰的黑、白、灰关系会稍许减淡，包括投影的绘制，整个画面较为干净，这也符合工业制图的要求。

第二节　　线条

线条是绘制首饰最基础、最关键的一个部分，尤其是选择彩色铅笔和水彩颜料上色的效果图，对线条结构的要求比较高。尤其首饰的材料是金属和宝石这种坚硬的材质，所以绘制首饰的线条一定要果断、准确，才能使画出来的首饰具有质感。如图2-9所示1819—1894年间的首饰手绘图，光凭精美的线条就能感受到首饰的结构和立体感。

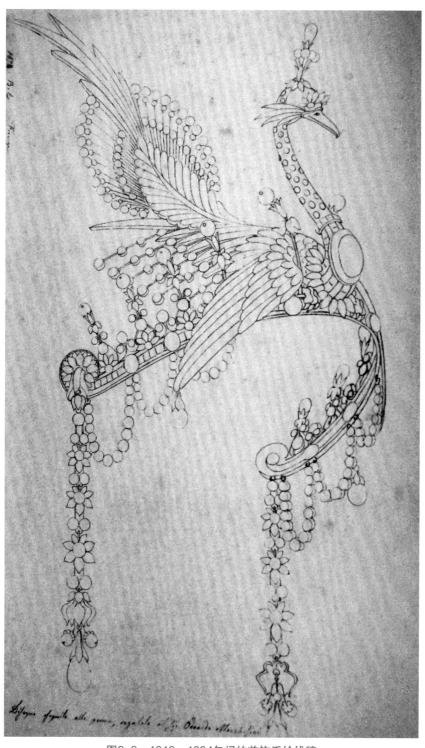

图2-9　1819—1894年间的首饰手绘线稿

平时加强线条的练习可以帮助提升手绘水平（图2-10、图2-11），尤其是对于叶形线（图2-12）和丝带线（图2-13）的练习，可以训练手对于线条轻重的把握，尤其首饰这种精细的结构，更需要对线条有精准的把握。

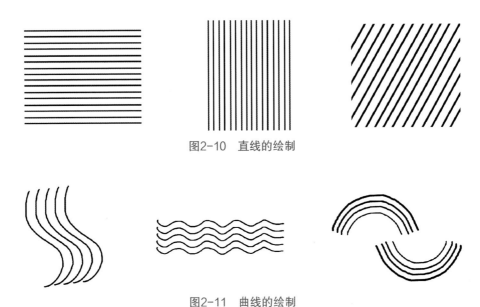

图2-10　直线的绘制

图2-11　曲线的绘制

叶形线的绘制方法如下。

① 第一笔由轻到重，练习画线条由轻到重的手感，控制力度。

② 第二笔由重到轻，练习画线条由重到轻的手感，控制力度。

图2-12　叶形线的绘制

丝带线的绘制方法如下。

① 确定中间那根"S"形的主线，由轻到重再到轻。

② 画上面那根短的由重到轻的"S"线。

③ 画下面那根短的由轻到重的"S"线。

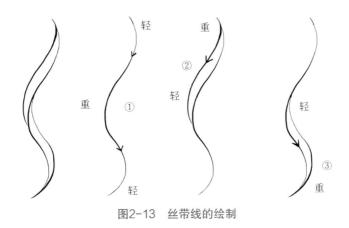

图2-13　丝带线的绘制

第三节　金属和表面肌理

一、金属的绘制

在首饰绘制中，可以把金属分为三种：平面金属（图2-14）、弧面金属（图2-15）和凹面金属（图2-16）。这三种金属的绘制方法如图2-17～图2-19所示。在首饰设计的过程中，也都是这三类金属的组合应用（图2-20）。在绘制首饰的金属时，还特别需要注意以下几点：

① 要确定光源的方向，考虑好每一面的受光程度。

② 注意每一种金属，在绘制阴影时的手法均有不同。

③ 要做好暗面和过渡面阴影的处理。

④ 阴影是金属受光产生的，在绘制阴影时，阴影一定要成为金属的一部分。

图2-14　平面金属

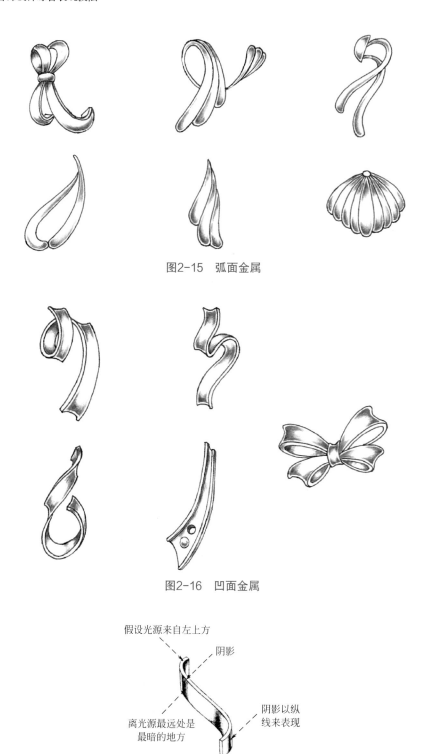

图2-15　弧面金属

图2-16　凹面金属

假设光源来自左上方

阴影

离光源最远处是
最暗的地方

阴影以纵
线来表现

图2-17　平面金属的绘制方法

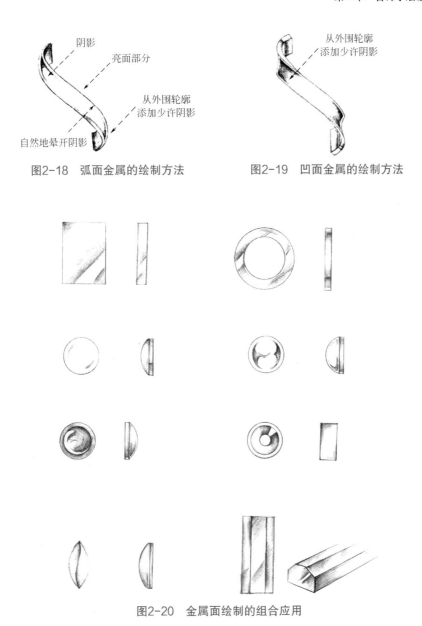

阴影

亮面部分

从外围轮廓
添加少许阴影

自然地晕开阴影

图2-18　弧面金属的绘制方法

从外围轮廓
添加少许阴影

图2-19　凹面金属的绘制方法

图2-20　金属面绘制的组合应用

二、金属表面肌理

　　金属是制作首饰的主要材料，在进行首饰设计时，我们要综合考虑，以求发挥金属本身的潜在属性，来丰富首饰的设计，使之表现更为丰满。首饰的表面存在着很多差异，显示出多种特征，比如一些凹陷或凸出的面，有的接近镂雕，有的纹路类似木头，通常将这种经过处理的金属表面效果称为肌理。

1. 喷砂效果

喷砂效果是利用金刚砂（或极小颗粒的石榴石），在金属表面打出细小的痕迹，或以砂纹专用錾刀，在金属上打出纹路来，或者是采用喷砂机，将金属首饰工件表面喷成麻面的一种工艺（图2-21、图2-22）。

图2-21 喷砂效果　　　　　　　　图2-22 喷砂效果的绘制

2. 拉丝处理

拉丝处理是利用线纹錾刀或砂纸锉刀，在金属表面打出一条条的细线，也称擦痕处理（图2-23、图2-24）。

图2-23 拉丝处理　　　　　　　　图2-24 拉丝处理的绘制

3. 錾刻

錾刻主要通过各种花纹的錾子，在金属板表面压印形成纹理，在压印花纹之前，金属板要进行退火处理（图2-25、图2-26）。

4. 布纹处理

布纹处理是经线纹处理后，利用线纹刀在金属表面打出细微的交叉线，也称缎纹处理（图2-27、图2-28）。

图2-25　錾刻

图2-26　錾刻处理的绘制

图2-27　布纹处理

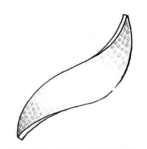

图2-28　布纹处理的绘制

5. 蚀刻处理

蚀刻工艺的原理类似于电路板的制作，阳纹的加工是首先将欲留存的金属部分用耐酸蚀的涂料覆盖，利用酸性溶液对不需要的金属部分进行腐蚀；阴纹的加工与阳纹的加工正好相反。蚀刻工艺适用于仿古工艺品和对表面风格有特殊要求的首饰的加工和制作（图2-29、图2-30）。

图2-29　蚀刻处理

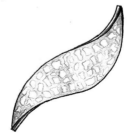

图2-30　蚀刻处理的绘制

6. 车花工艺

车花工艺是指不同花样刀口的钻石刀，在黄金饰品表面高速旋转，切割出各种车花面。车花工艺常用于首饰的批量生产中。由于饰品的花纹有一定的规律性，因此可以在钢模板上用手工或机械加工出所需要的花纹，再利用冲压机在金属上冲压出花纹，剪下后与其他部件焊接在一起，成为完整的首饰（图2-31）。

图2-31 车花工艺

7. 珐琅工艺

珐琅工艺是指用珐琅釉料在金面上绘彩，再经高温烧成彩色的纹样。犹如水彩画般，色彩绚丽，表现力极强，使得黄金首饰的颜色更加丰富多彩（图2-32）。

图2-32 珐琅工艺

在设计首饰的过程中，金属的表面处理可以让首饰设计更加多元化，让金属不再单调，但是手绘具有一定局限性，不能100%还原真实的表面特征（图2-33），所以还需要在设计说明中备注所使用的表面处理工艺。

图2-33　金属的综合手绘表现

第三章

宝石与镶嵌结构

第一节　宝石

宝石是首饰设计当之无愧的主角，也是综合表现技法里出彩的点睛之笔。宝石有刻面型宝石和弧面型宝石之分，从绘制难易程度来说，刻面型宝石难于弧面型宝石，同样，容易犯错的也是刻面型宝石。

一、刻面型宝石

刻面型宝石是根据特有的琢型设计，切割出多个刻面并按一定规则排列组合而成，呈现规则对称的几何多面体。宝石有透明、半透明和不透明之分，一般透明的宝石常切割为刻面型宝石，如钻石、红宝石、蓝宝石、祖母绿等。这些宝石通过折射从各个角度射进的光线，闪耀出美丽的光芒。

一般透明的宝石常琢磨为刻面型宝石，根据特有的琢型设计，琢磨出多个刻面，常见的琢型有：圆型、椭圆型、水滴型、马眼型、心型、方型、梯型和祖母绿型切工等。

　　这些透明的宝石，通过折射从各个角度射进的光线，闪耀出美丽的光芒。不透明或者半透明的宝石，一般琢磨成弧面型宝石，能够大面积整体地反映出宝石特有的色彩和光泽，以及一些特殊的光学效应。所以，为了表现宝石的美感，一般情况下，需要省略部分切割面，尤其会强调宝石受光的一面，通常假设在宝石桌面的左上方或右上方，并画出光影效果，充分表现出宝石的立体感和透明感，体现设计效果图的准确性与完整性（图3-1）。背光处通常假设在右下方或者左下方，进行虚化处理。

梨形琢型　　　　　橄榄形琢型　　　　　剪形琢型

图3-1　宝石和光源的关系

　　其中，圆形琢型最常运用于钻石切割中（图3-2），为了让光线全部从钻石的冠部折射出来，其切割的角度要经过精密的计算。除了钻石，这种切割方式也常运用于红宝石和蓝宝石的琢型制作。

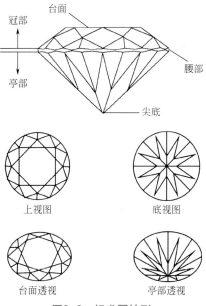

图3-2　标准圆钻形

在小刻面宝石的绘制
处理上，需要加强受光面
的棱线，如果宝石直径小
于1.3mm时，可以考虑
只简单地画出宝石的外形
（图3-3），甚至可在宝石
中间偏左处绘制一个点代
表刻面（图3-4）。在棱线

图3-3　宝石和光源的关系

图3-4　小钻群镶的绘制

的具体表达上，画法因人
而异，如图3-5所示为一
些小颗粒宝石的画法。

大颗粒的宝石，需要
把宝石的切面清楚地表
达出来，而随着宝石的重
量变小，切面也应当采用
模糊处理。设计师在设计

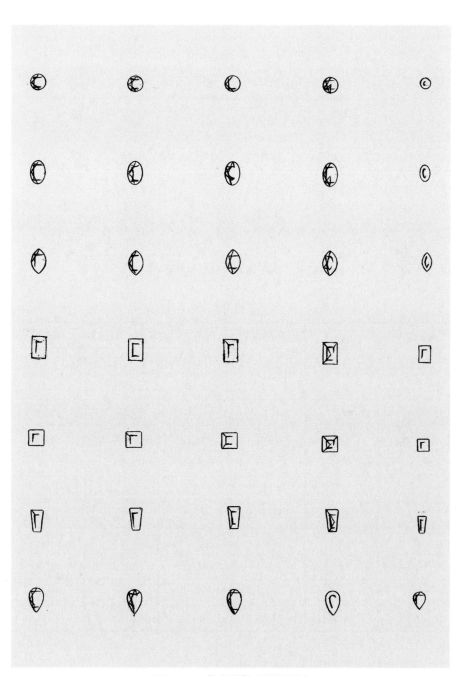

图3-5　一些小颗粒宝石的画法

时，需要考虑宝石重量与形态大小的关系（图3-6）。以钻石为例，1ct重量钻石的直径是6.5mm，那么设计师在绘制设计图时，就需要将钻石的尺寸按照1∶1的比例，准确地绘制出来如表3-1所列为圆钻直径与重量的近似换算。

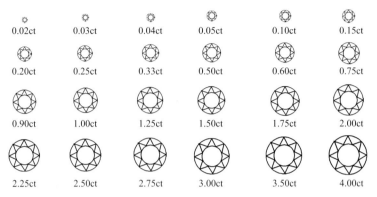

0.02ct   0.03ct   0.04ct   0.05ct   0.10ct   0.15ct

0.20ct   0.25ct   0.33ct   0.50ct   0.60ct   0.75ct

0.90ct   1.00ct   1.25ct   1.50ct   1.75ct   2.00ct

2.25ct   2.50ct   2.75ct   3.00ct   3.50ct   4.00ct

图3-6　宝石重量与形态大小的关系

表3-1　圆钻直径与重量的近似换算

直径/mm	重量/ct	直径/mm	重量/ct	直径/mm	重量/ct
1.3	0.01	3.3	0.14	6.5	1.00
1.75	0.02	3.5	0.16	7.0	1.25
2.0	0.03	3.6	0.17	7.4	1.50
2.4	0.05	3.7	0.18	7.8	1.75
2.6	0.06	3.8	0.20	8.2	2.00
2.7	0.07	4.0	0.23	8.5	2.25
2.8	0.08	4.1	0.25	8.8	2.50
2.9	0.09	4.25	0.30	9.05	2.75
3.0	0.10	4.5	0.40	9.35	3.00
3.1	0.11	5.0	0.50	9.85	3.50
3.2	0.12	6.0	0.75	11.0	4.00

二、常见刻面宝石的切面画法

常见刻面宝石的切面画法，见图3-7～图3-20。

（1）简单圆形刻面的画法（图3-7）

① 建立直角坐标系，过原点作两条45°的直线。

② 绘制直径为15mm的圆形。

③ 连接坐标与圆的交点。

④ 擦去辅助线。

（2）复杂圆形刻面的绘制方法（图3-8）

① 建立直角坐标系，过原点作两条45°的直线，并绘制直径为15mm的圆形。

② 以4mm为半径画一个小圆。

③ 从大圆与直线的交点依次连接小圆与直线的交接点。

④ 擦去辅助线。

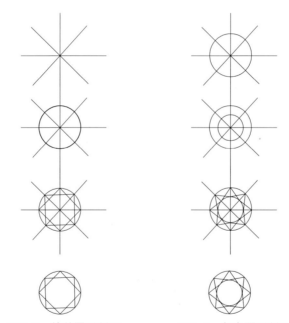

图3-7　简单圆形刻面　　　　图3-8　复杂圆形刻面

（3）简单椭圆形刻面的画法（图3-9）

① 建立直角坐标系，用椭圆形模板绘制一个12mm×18mm的椭圆形。

② 根据椭圆形绘制一个12mm×18mm的长方形，经过矩形的对焦点和原点，分别作两条直线。

③ 根据交叉的直线和椭圆形的交点，作一个小矩形，再根据交叉的直线和椭圆形的交点，作一个小菱形。

④ 擦去辅助线。

（4）复杂椭圆形刻面的画法（图3-10）

① 建立直角坐标系，用椭圆形模板绘制一个12mm×18mm的椭圆形。

② 根据椭圆形绘制一个12mm×18mm的长方形，经过矩形的对焦点和原点，分别作两条直线，并在大椭圆形的内部绘制一个7mm×10mm的小椭圆形。

③ 从大椭圆形与直线的交点依次连接小椭圆形与直线的交点。

④ 擦去辅助线。

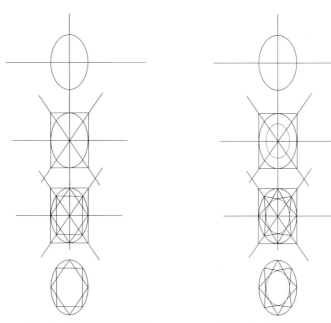

图3-9　简单椭圆形刻面　　　　　图3-10　复杂椭圆形刻面

（5）简单水滴形刻面的画法（图3-11）

① 建立直角坐标系，以6mm为半径画一个圆。

② 在纵轴的正坐标方向标记（0，12）点，并经过该点和圆形的端点分别画两个圆，圆心在横坐标上。

③ 擦去大圆的辅助线，留下水滴形状，并在内部连接出倒梯形和风筝形。

④ 擦去其他辅助线。

（6）复杂水滴形刻面的画法（图3-12）

① 建立直角坐标系，以6mm为半径画一个圆。

② 在纵轴的正坐标方向标记（0，12）点，并经过该点和圆形的端点分别画两个圆，圆心在横坐标上。

③ 擦掉大圆的辅助线，留下水滴形状，并沿着水滴形边缘绘制矩形，在内部绘制一个7mm×11mm的小水滴形。

④ 从大、水滴形与直线的交点向小水滴形与直线的交点相互连接。

⑤ 擦去多余辅助线。

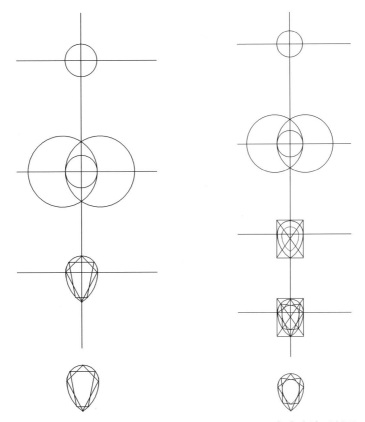

图3-11　简单水滴形刻面　　　　图3-12　复杂水滴形刻面

（7）简单马眼形刻面的画法（图3-13）

① 建立直角坐标系，绘制两个大圆形，两个大圆圆心在横轴上，左边大圆经过坐标点（0，9）（5，0）和（0，-9），右边大圆经过坐标点（0，9）（-5，0）和（0，-9）。

② 擦去大圆辅助线，留下马眼形，并连接马眼形和坐标轴的交点，形成一个菱形。

③ 在马眼形内部绘制矩形。

（8）复杂马眼形刻面的画法（图3-14）

① 建立直角坐标系，绘制两个大圆形，两个大圆圆心在横轴上，左边大圆经过坐标点（0，9）（5，0）和（0，-9），右边大圆经过坐标点（0，9）（-5，0）和（0，-9）。

② 沿马眼形轮廓绘制矩形和交叉线，并在内部绘制一个6mm×10mm的小马眼形。

③ 从大马眼形与直线的交叉点依次连接小马眼形与直线的交点。

④ 擦去多余的辅助线。

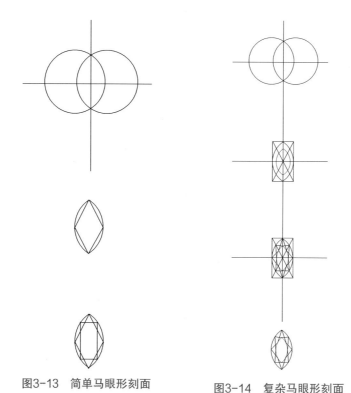

图3-13　简单马眼形刻面　　　　图3-14　复杂马眼形刻面

（9）简单心形刻面的画法（图3-15）

① 在纵坐标两边绘制两个半径为3mm的圆形。

② 绘制两个与小圆相切，并经过（0，9）点的两个圆。

③ 擦去多余线条，留下心形。

④ 通过坐标原点以及3mm半圆在横轴上的交点，分别连接到3mm的半圆

中央，并由横轴交点连接纵轴，形成一个小直线心形之后，再连接一个大矩形。

⑤ 擦去多余辅助线。

（10）复杂心形刻面的画法（图3-16）

① 在纵坐标两边绘制两个半径3mm的圆形。

② 绘制两个与小圆相切，并经过（0，9）点的两个圆。

③ 擦去多余线条，留下心形。

④ 在心形内部做一个7mm×7mm的小心形，并根据大心形的轮廓绘制矩形外框，在矩形与纵轴和纵坐标的交点处引向矩形的四角作对角线，横向连接对角线的交点。并在矩形上半部分作纵向连接。

⑤ 擦去多余的辅助线。

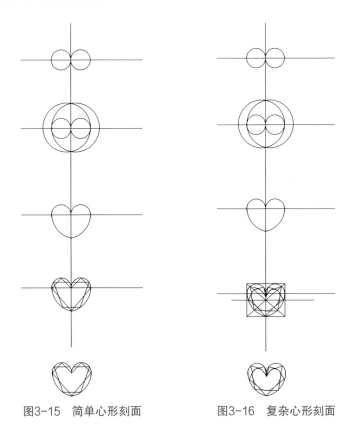

图3-15　简单心形刻面　　　　图3-16　复杂心形刻面

（11）简单祖母绿型刻面的画法（图3-17）

① 建立一个坐标系，绘制一个12mm×18mm的矩形。

② 在内部绘制一个8mm×14mm的小矩形。

③ 将小矩形的边线延长至大矩形上，并从（0，6）和（0，-6）的位置分别向大矩形和小矩形的交点连线。

④ 分别连接八条斜线与大小矩形相交的点。

⑤ 擦去多余的辅助线。

（12）复杂祖母绿型刻面的画法（图3-18）

① 建立坐标系，并绘制一个12mm×18mm的矩形。

② 从（0，6）和（0，-6）分别向大矩形的四个角连线，并在角上画出琢型的四边斜线。

③ 从（0，6）和（0，-6）分别向斜线与矩形相交的点连线。

④ 根据简单祖母绿型刻面的画法在大六边形内部绘制一个8mm×14mm的小矩形，得到一个小六边形，并按照该方法绘制出第三个7mm×13mm的小六边形。

⑤ 擦去多余的辅助线。

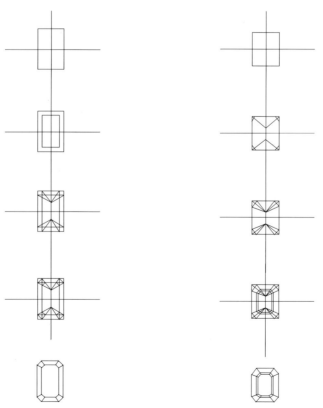

图3-17　简单祖母绿型刻面　　　图3-18　复杂祖母绿型刻面

（13）方形刻面的画法（图3-19）

① 建立直角坐标系，作一个12mm×18mm的矩形。

② 绘制一个尺寸为8mm×14mm的小矩形。

③ 将小矩形的四角与大矩形的四角相连。

④ 擦去多余辅助线。

（14）梯形刻面画法（图3-20）

① 绘制一个梯形。

② 根据轴线三分之一的位置绘制一个小梯形。

③ 连接大梯形与小梯形的四角。

④ 擦去多余辅助线。

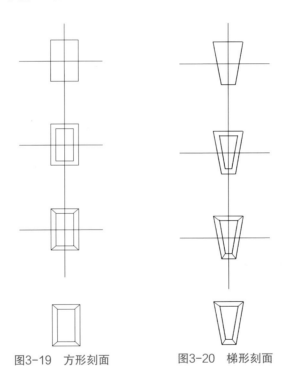

图3-19　方形刻面　　　　图3-20　梯形刻面

三、弧面型宝石

弧面型（又称素面型、凸面型）宝石，通常都是不透明和半透明的，其特点是观赏面为一弧面。部分弧面型宝石可做雕刻，随意创造出任何造型，不做镶嵌，直接做把玩件。如翡翠、珊瑚等。

弧面型宝石常见形状为：圆形、椭圆形、橄榄形、心形、方形等（图3-21）。

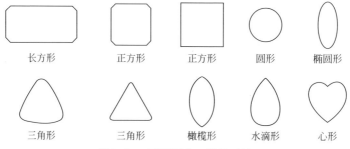

| 长方形 | 正方形 | 正方形 | 圆形 | 椭圆形 |

| 三角形 | 三角形 | 橄榄形 | 水滴形 | 心形 |

图3-21 弧面型宝石常见形状

四、珠型宝石

珠型多用于中低档宝石的加工中。

珠型宝石常见的形状有：圆珠、椭圆珠、圆柱珠、棱柱珠等（图3-22）。

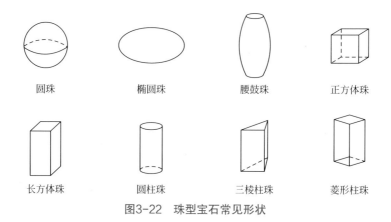

| 圆珠 | 椭圆珠 | 腰鼓珠 | 正方体珠 |

| 长方体珠 | 圆柱珠 | 三棱柱珠 | 菱形柱珠 |

图3-22 珠型宝石常见形状

五、异型宝石

异型宝石主要包括：自然型和偶然型两大类，其特点是根据原石的形状琢磨，形成随形宝石。这种方式多用于琢磨一些高档宝石，以力求保持原始的重量。首饰中自然形态的宝石多见于异型珍珠和珊瑚（图3-23～图3-25）。

需要特别指出的是设计时，尽量不要凭空臆想异型珠宝，应遵循先有宝石再进行设计的原则，避免出现设计出样式后，找不到宝石的状况，从而影响制作。常见的宝石类型，见图3-26。

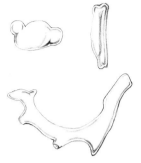

图3-23 异型珍珠　　　　　　图3-24 珊瑚　　　　　图3-25 异型宝石的绘制

钻石

红宝石

蓝宝石

祖母绿

金绿猫眼

石榴石

海蓝宝石

橄榄石

白欧泊

黑欧泊

红碧玺

绿碧玺

珍珠

托帕石

青金石

翡翠

黑珍珠

虎眼石

绿松石

孔雀石

图3-26 常见的宝石类型

镶嵌结构

镶嵌是将宝石和金属组成首饰的重要工艺，对于镶嵌结构绘制的准确性，将会直接影响到产品加工制作的可行性，所以在绘制效果图的时候，镶嵌结构的准确性是十分重要的。常用的镶嵌方式，主要包括：爪镶、包镶、迫镶、起钉镶、埋镶、无边镶、珠镶、缠绕镶、微镶和混合镶嵌等。

一、爪镶

爪镶是用一根较长的金属爪，紧紧扣住宝石的镶嵌工艺，是最为快速实用的镶法，金属很少遮挡宝石，能够最大限度地凸显宝石的光学效应，尤其适合于镶嵌颗粒较大的刻面宝石。

爪镶的种类有：立爪、直条爪、方爪、三角爪、共爪（二爪、三爪、四爪、六爪或八爪）等（图3-27）。

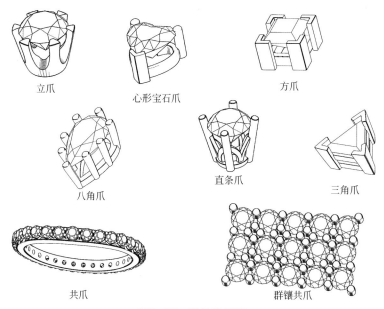

图3-27　常见的爪镶

常见的共爪有二爪、三爪、四爪，如图3-28所示。

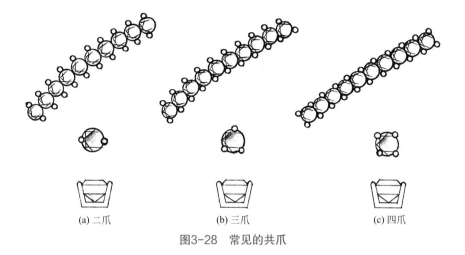

(a) 二爪　　　　　　　(b) 三爪　　　　　　　(c) 四爪

图3-28　常见的共爪

爪镶钻戒如图3-29所示。

图3-29　爪镶钻戒

不同琢型宝石爪的位置如图3-30所示。

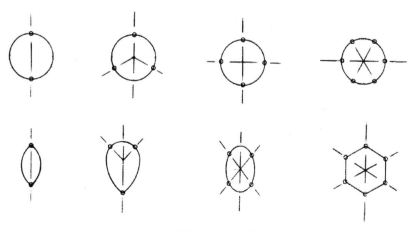

图3-30　不同琢型宝石爪的位置

不同形状的爪如图3-31所示。

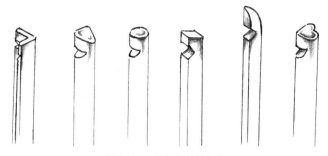

图3-31　不同形状的爪

二、包镶

包镶也称包边镶嵌，是将宝石的角、四边或者部分边缘包住的一种镶嵌方法，适用于凸面或随形石的镶嵌技法，要求石形与镶口非常吻合。包镶是所有镶嵌形式中最牢固的一种，适合颗粒大，价格昂贵，色彩鲜艳的宝石镶嵌（图3-32～图3-34）。

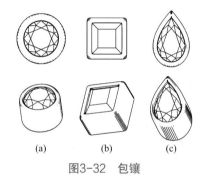

(a)　　　　(b)　　　　(c)

图3-32　包镶

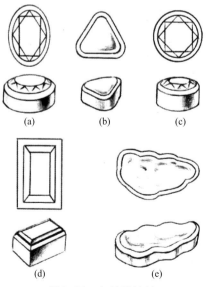

(a)　　　　(b)　　　　(c)

(d)　　　　　(e)

图3-33　包镶的绘制

图3-34　包镶耳钉

三、钉镶

钉镶多用于镶嵌直径小于3mm以下的小颗粒宝石，又分为倒钉镶和起钉镶，钉镶十分适合豪华款首饰的钻石群镶，可使首饰显得十分奢华如图3-35、图3-36所示为钉镶和钉镶的绘制。图3-37为钉镶手镯。

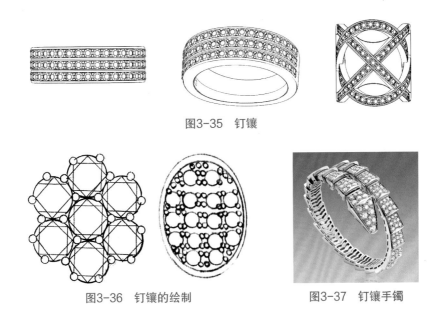

图3-35　钉镶

图3-36　钉镶的绘制　　　　　图3-37　钉镶手镯

四、迫镶

迫镶又称轨道镶、夹镶、卡镶（张力镶）、槽镶、壁镶或逼镶，是在镶口侧边车出槽位，将宝石放进槽位再打压牢固的一种镶嵌方法。迫镶可以很好地保护宝石的腰部，同时也是豪华款群镶副石，常使用的镶嵌工艺之一。如图3-38、图3-39所示为迫镶和迫镶的绘制。

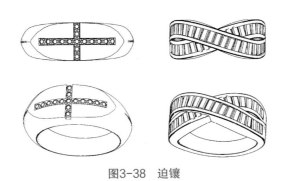

图3-38　迫镶

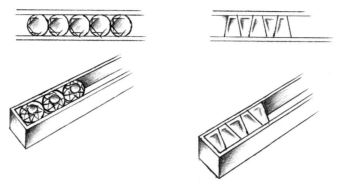

图3-39 迫镶的绘制

利用金属的张力向内挤压来固定宝石的腰部，通常用于颗粒较大，高品质的钻石、红宝石、蓝宝石等硬度较高，不易脆裂的宝石的镶嵌。如图3-40、图3-41所示为迫镶戒指和迫镶的结构绘制。

图3-40　迫镶戒指　　　　图3-41　迫镶戒指的结构绘制

五、埋镶

埋镶又叫窝镶、澳洲镶、吉卜赛镶、抹镶、吸珠镶、光圈镶，是将圆形宝石埋在环形镶口中，并由宝石边上金属壁，通过挤压固定宝石的一种镶嵌方法。如图3-42、图3-43所示为埋镶和常见几种埋镶的绘制。

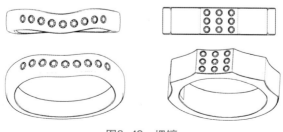

图3-42　埋镶

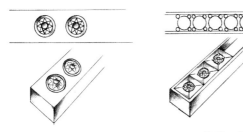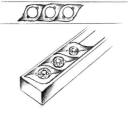

图3-43 常见几种埋镶的绘制

六、无边镶

无边镶，是用金属槽或隐藏的轨道固定住宝石的腰部，并借助宝石之间以及宝石与金属边之间的压力，达到固定宝石的一种镶嵌方法，难度极高。从表面看上去，宝石之间排列紧密，没有金属边框，首饰整体感觉豪华，张扬跳跃，如图3-44、图3-45所示为无边镶的绘制和无边镶吊坠。

图3-44 无边镶的绘制　　　　　图3-45 无边镶吊坠

七、珠镶

珠镶，也叫插镶，主要用于珍珠的镶嵌。插镶能够最大限度地显现珍珠的特征，增加珍珠的美感。将宝石打孔之后，在孔内放置专用胶水，并插入焊接在首饰支架上的金属针，从而达到固定宝石的镶嵌方式。如图3-46、图3-47所示为珠镶方式和珠镶珍珠吊坠项链。

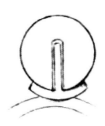

图3-46 珠镶方式

图3-47　珠镶珍珠吊坠项链

八、缠绕镶

缠绕镶是将金属线缠绕起来，达到固定宝石的方式，多用于随形宝石的镶嵌。很多经粗加工的宝石，比如：白水晶、紫水晶、发晶、芙蓉石等，色彩丰富，形状不规则，可以用缠绕镶的方法进行镶嵌。使首饰的表现多样化和个性化，一定程度上增加了首饰整体的艺术感。如图3-48、图3-49所示为缠绕镶的绘制和缠绕镶吊坠。

图3-48　缠绕镶的绘制

图3-49　缠绕镶吊坠

九、微镶

微镶的宝石之间非常紧密，它是在40倍双目显微镜下镶嵌而成的。镶爪非常细小，不显金属，宝石有一种浮着的感觉，能较好地体现宝石的光彩。

同时利用了小宝石，表现出了大块的面。微钉镶工艺多用圆形宝石进行镶嵌，对产品所用宝石的大小、颜色、净度有非常高的要求，如图3-50所示为微镶戒指。

图3-50　微镶戒指

十、混合镶嵌

使用不同的镶嵌方法，结合在同一件首饰上的镶嵌技法。可以将大石和小石协调地组合起来，灵活地处理好高低位置及弯度，如图3-51所示为混合镶嵌戒指。

图3-51　混合镶嵌戒指

第四章

彩色铅笔的综合表现技法

　　彩色铅笔一般在白纸上绘制，彩色铅笔虽然上手度高，但是综合效果比较柔和。比起水粉、水彩，对比度和饱和度都会低一些。同时因为绘制在白底上，效果上不如灰底和黑底抢眼（图4-1）。

图4-1　彩色铅笔手绘作品

　　彩色铅笔也可以根据力度的使用情况，来增加对比度，首饰设计一般选用水溶性彩色铅笔，这类彩色铅笔粉质细腻，并且容易上色。根据用笔力度不同，可以呈现出不同的色泽，有时使用彩色铅笔，也可以达到使用水粉、水彩的画面效果（图4-2）。

图4-2 对比较强的彩色铅笔设计作品

同时，彩色铅笔也可以通过和水粉颜料的结合，来提升画面的对比度（图4-3）。

图4-3　与水粉结合的彩色铅笔手绘作品

第一节　彩色铅笔的金属绘制

在首饰中常用的金属有：黄金、铂金、白银等。黄金天然呈现金黄色，但是为了变化其色彩，并增加其硬度，以利于珠宝首饰的制作，黄金可以与其他金属混合。银、铂、镍或锌添加在黄金中，可呈浅色或白色金。加铜可呈红色或粉红色金。加铁则呈蓝色。

刚抛光过的银表面特别明亮，闪耀着银白色的金属光泽，但是暴露在空气中很快就会氧化，在表面形成一层黑色的氧化物，使其表面失去光泽。

铂金是一种天然的白色贵金属。在三种首饰贵金属中，铂金是最为珍贵的。由于不容易起化学反应，且抗腐蚀能力强，所以暴露在空气中也不会失去光泽，与银不同，所以在绘制时，可以着重强调一下金属的光泽感。如图4-4所示为金属首饰。

图4-4　金属首饰

绘制金属的时候要根据金属的形状进行判断，结合透视以及明暗交界线等原则来绘制，就能准确地完成金属着色。平面金属的绘制，只需要正确地判断出亮、灰、暗三面即可（图4-5）。

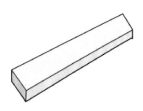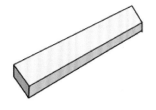

图4-5　平面金属的明暗关系

弧面金属的绘制，需要根据金属的形状确定明暗交界线，判断亮、灰、暗面。戒指的金属戒圈，就是一个典型的平面金属和弧面金属结合的例子，绘制时需要准确地绘制出戒指的亮、灰、暗面，尤其是高光，高光是金属画龙点睛的一笔，恰到好处的高光可以增加金属的真实感（图4-6）。

图4-6　金属戒圈的明暗关系

平面金属的着色步骤，包括以下几个方面：

① 用黑色笔画出金属轮廓。

② 用黄色铺上金属轮廓，再使用深色绘制金属转折。

③ 强调明暗交界线，将固有色铺上，留出高光（图4-7）。

图4-7　平面金属的着色步骤

凹面金属的着色步骤，包括以下几个方面：

① 用黑色笔画出金属轮廓。

② 黄金部分用黄色铺上金属轮廓，再使用深色绘制金属转折。

③ 强调明暗交界线，将固有色铺上，留出高光（图4-8）。

图4-8　凹面金属的着色步骤

弧面金属的着色步骤，包括以下几个方面：

① 用黑色笔画出金属轮廓。

② 用黄色铺上金属轮廓，再使用深色绘制金属转折。

③ 强调明暗交界线，将固有色铺上，留出高光（图4-9）。

图4-9　弧面金属的着色步骤

 第二节　**彩色铅笔的金属肌理绘制**

设计师根据首饰造型风格的需要，将首饰材料刻意地处理、改造，从而产生肌理效果。在绘制时，先淡淡地描影，再画上肌理，明暗交界处加强肌理的表现，明亮处少画一些，高光处留出。注意过渡的自然性，可以使设计图看起来比较美观。

1. 喷砂效果

彩色铅笔喷砂效果的绘制如图4-10所示，主要包括以下几个方面：

① 绘制的时候先轻铺金属固有色，然后确定光源角度，区分明暗面。

② 使用深色点出喷砂表现颗粒感，在点的过程中，需要注意之前确定好的光源角度，亮面少点，暗面多点。

③ 喷砂效果一般给人一种亚光质感，不同于抛光金属，没有那么强烈的高光。

图4-10　喷砂效果的绘制

2. 拉丝处理效果

彩色铅笔拉丝处理效果的绘制如图4-11所示，主要包括以下几个方面：

① 绘制的时候先轻铺金属固有色，然后确定光源角度，区分明暗面。

② 使用深色绘制拉丝线条，根据光源位置注意轻重变化。

③ 加深边缘增加立体感，并根据情况适当绘制高光。

图4-11　拉丝处理效果的绘制

除此之外，包括錾刻等其他的表面处理方式，都可以套用以上两种绘制方法，根据表面处理方式的不同绘制即可（图4-12）。

图4-12　錾刻处理的绘制

塑造宝石最常见的方式就是将其表面切磨成若干个平面，称为刻面，以赋予宝石最终的形状或"切面"。

宝石切磨工匠切磨宝石的目的，在于彰显宝石最佳的品质，必须综合考虑宝石切磨后的颜色、净度和克拉重量。但是，在切磨过程中，由于影响的因素很多，通常以保留宝石切磨后的最大重量，作为出发点，以提高宝石的价值。

作为设计师，需要了解刻面宝石常见的琢型和切面，在绘制宝石效果图的时候不要出现用错琢型或者切面错误的现象。

使用彩色铅笔绘制刻面宝石时，通常可遵循以下原则：

① 使用宝石固有色准确刻画宝石琢型。

② 轻铺亮、灰、暗面，方便后期加深调整。（注意：刻面宝石上色可像拼图一样，一块一块地上色，这样可以使宝石更加逼真。）

③ 在宝石的外轮廓进行适当加深，可以让宝石更加有立体感。

④ 刻面宝石一般为半透明宝石，为了增加透明感，可以在台面位置稍微画出底部琢型线条。（刻面较少的琢型这样绘制可以让画面看上去不那么单调，比如祖母绿型。）

1. 圆形刻面宝石的绘制

彩色铅笔圆形刻面宝石的绘制如图4-13所示，通常应注意以下几个方面：

① 外轮廓圆形使用黑色笔绘制，再使用红色彩色铅笔，准确地绘制出宝石切面琢型。

② 确定光源位置（一般为左上角），并绘制出亮、灰、暗面。

③ 根据光源位置，加深层次和切面线条。

④ 加强宝石对比并做出调整，从台面画出米字形线条增加透明感，并加深宝石外轮廓线。

图4-13　圆形刻面宝石的绘制

2. 椭圆形刻面宝石的绘制

彩色铅笔椭圆形刻面宝石的绘制如图4-14所示，通常应注意以下几个方面：

① 外轮廓椭圆形使用黑色笔绘制，再使用蓝色彩色铅笔，准确地绘制出宝石切面琢型。

② 确定光源位置（一般为左上角），并绘制出亮、灰、暗面。

③ 根据光源位置，加深层次和切面线条。

④ 加强宝石对比并做出调整，从台面画出米字形线条增加透明感，并加深宝石外轮廓线。

图4-14　椭圆形刻面宝石的绘制

3. 祖母绿型刻面宝石的绘制

彩色铅笔祖母绿型刻面宝石的绘制如图4-15所示，通常应注意以下几个方面：

① 外轮廓祖母绿形使用黑色笔绘制，再使用绿色彩色铅笔，准确地绘制出宝石切面琢型。

② 确定光源位置（一般为左上角），并绘制出亮、灰、暗面。

③ 根据光源位置，加深层次和切面线条。

④ 加强宝石对比并做出调整，从台面画出双叉形线条增加透明感，并加深宝石外轮廓线。

图4-15 祖母绿型刻面宝石的绘制

4. 马眼形刻面宝石的绘制

彩色铅笔马眼形刻面宝石的绘制如图4-16所示，通常应注意以下几个方面：

① 外轮廓马眼形使用黑色笔绘制，再使用灰绿色彩色铅笔，准确地绘制出宝石切面琢型。

② 确定光源位置（一般为左上角），并绘制出亮、灰、暗面。

③ 根据光源位置，加深层次和切面线条。

④ 加强宝石对比并做出调整，从台面画出米字形线条增加透明感，并加深宝石外轮廓线。

图4-16 马眼形刻面宝石的绘制

 **彩色铅笔的弧面型宝石绘制**

弧面型宝石的绘制，相比刻面型宝石的绘制，要容易许多，基本上只要掌握好明暗交界线的位置就可以了。

弧面型宝石的绘制技巧，通常包括以下几个方面：

① 确定好光源面之后，强调明暗交界线。

② 高光可以预留，也可以后期用白颜料或高光笔点上。

③ 最深处是明暗交界线，弧面型宝石的立体感，主要依靠明暗体现。

④ 加强外轮廓线条，可以增加立体感。

1. 翡翠的绘制

彩色铅笔弧面型翡翠的绘制如图4-17所示，通常应注意以下几个方面：

① 使用黑色笔绘制椭圆形外轮廓，使用绿色预留出高光位置，并确定明暗交界线。

② 轻轻地绘制翡翠的灰面。

③ 轻轻绘制翡翠的亮面，并刻画预留高光。

④ 强调明暗交界线，并整体调整宝石的亮、灰、暗面。

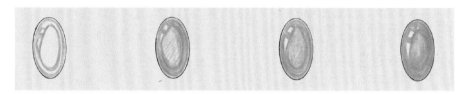

图4-17　翡翠的绘制

2. 珊瑚的绘制

彩色铅笔弧面型珊瑚的绘制如图4-18所示，通常应注意以下几个方面：

① 使用黑色笔绘制椭圆形外轮廓，使用红色预留出高光位置，并确定明暗交界线。

② 轻轻地绘制珊瑚的灰面。

③ 轻轻绘制珊瑚的亮面，并刻画预留高光。

④ 强调明暗交界线，并整体调整宝石的亮、灰、暗面。

图4-18　珊瑚的绘制

3. 青金石的绘制

彩色铅笔弧面型青金石的绘制如图4-19所示，通常应注意以下几个方面：

① 使用黑色笔绘制椭圆形外轮廓，使用蓝色预留出高光位置，并确定明暗交界线。

② 轻轻地绘制青金石的灰面。

③ 轻轻绘制青金石的亮面，并刻画预留高光。

④ 强调明暗交界线，并整体调整宝石的亮、灰、暗面。

图4-19 青金石的绘制

4. 欧泊的绘制

彩色铅笔弧面型欧泊的绘制如图4-20所示，通常应注意以下几个方面：

① 使用黑色笔绘制椭圆形外轮廓，使用欧泊的固有色预留出高光位置，并确定明暗交界线。

② 轻轻地绘制欧泊的灰面，由于欧泊本身呈现变彩的原因，欧泊的色彩较多，在绘制时尽量避免深色覆盖浅色，导致颜色变脏。

③ 加深欧泊的深色位置，并刻画预留高光。

④ 强调明暗交界线，并整体调整宝石的亮、灰、暗面，并加深琢型轮廓。

图4-20 欧泊的绘制

5. 星光红宝石的绘制

彩色铅笔星光红宝石的绘制如图4-21所示，通常应注意以下几个方面：

① 使用黑色笔绘制椭圆形外轮廓，使用红色预留出星光位置。

② 轻轻地绘制星光红宝石的灰面，预留高光并确定明暗交界线。

③ 加深宝石的灰、暗面，并刻画预留高光。

④ 强调明暗交界线，并整体调整宝石的亮、灰、暗面。

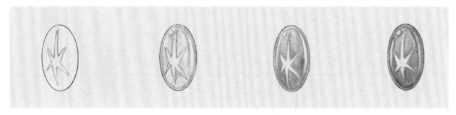

图4-21　星光红宝石的绘制

6. 金绿宝石猫眼的绘制

彩色铅笔金绿宝石猫眼的绘制如图4-22所示，通常应注意以下几个方面：

① 使用黑色笔绘制圆形外轮廓，使用灰绿色预留出猫眼位置。

② 轻轻地绘制猫眼宝石的灰面，并确定明暗交界线。

③ 加深宝石的灰、暗面。

④ 强调明暗交界线，并整体调整宝石的亮、灰、暗面，点上高光。

图4-22　金绿宝石猫眼的绘制

7. 海水珍珠

彩色铅笔海水珍珠的绘制如图4-23所示，通常应注意以下几个方面：

① 使用黑色绘制出圆形外轮廓，并预留出高光位置，绘制出明暗交界线。

② 加深暗部明暗交界线的同时，使用绿色和紫色轻轻绘制灰面。

③ 使用黑色绘制月牙形，并加深珍珠固有色。

④ 留出绿色和紫色，增加珍珠的光泽感。

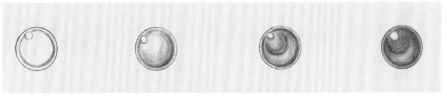

图4-23　海水珍珠的绘制

8. 淡水珍珠

彩色铅笔淡水珍珠的绘制如图4-24所示，通常应注意以下几个方面：

① 使用黑色绘制出圆形外轮廓。

② 用淡粉色轻轻绘制明暗交界线。

③ 加深明暗交界线。

④ 扩大暗面部分并整体调整。

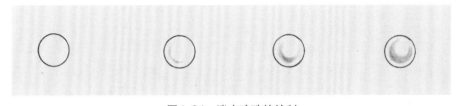

图4-24　淡水珍珠的绘制

第五节　彩色铅笔的综合表现

　　使用彩色铅笔绘图作为首饰设计师必须掌握的一种技能，一般有两种表现形式。第一种是简洁效率的表现形式（图4-25），适合快速出图，多用于公司日常的产品研发，在绘制过程中需要将首饰的结构和宝石的颜色表达清楚。

　　第二种是写实的表现形式，此类绘制技法也被称为"超写实"，多用于参加设计比赛的效果图，或者是专门用于展示的设计图（图4-26）。

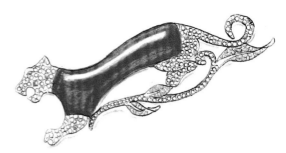

图4-25　简洁的彩色铅笔效果图

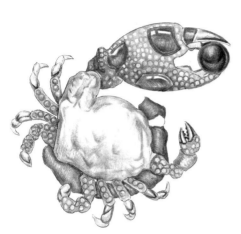

图4-26　写实的彩色铅笔效果图

彩色铅笔的综合表现效
果图，见图4-27～图4-34。

图4-27　彩色铅笔的综合表现效果图（一）

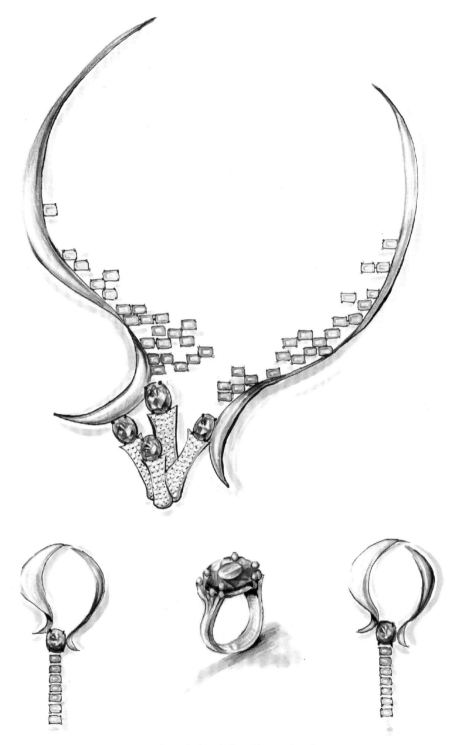

图4-28　彩色铅笔的综合表现效果图（二）

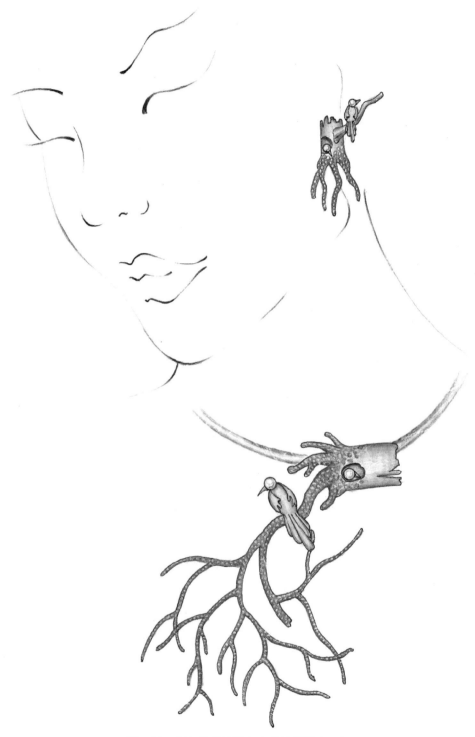

图4-29　彩色铅笔的综合表现效果图（三）

图4-30　彩色铅笔的综合表现效果图（四）

图4-31 彩色铅笔的综合表现效果图（五）

图4-32　彩色铅笔的综合表现效果图（六）

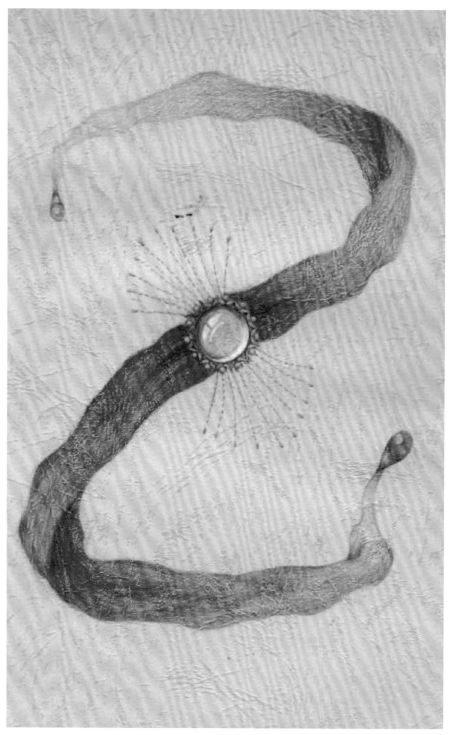

图4-33 彩色铅笔的综合表现效果图（七）

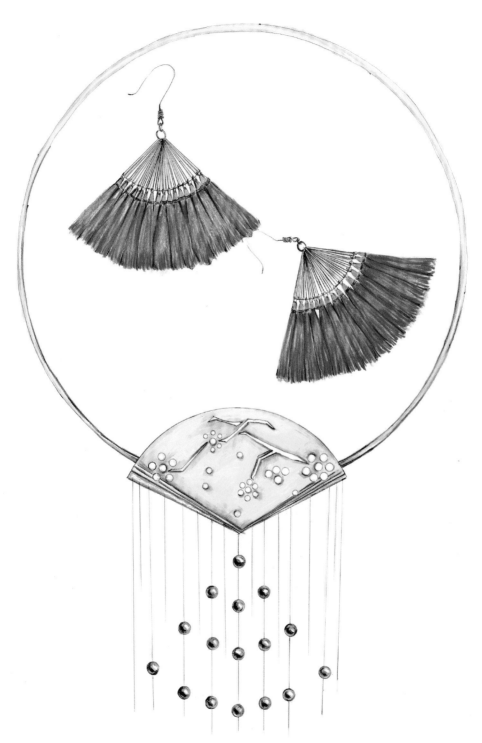

图4-34　彩色铅笔的综合表现效果图（八）

第五章

水粉颜料的综合表现技法

　　水粉颜料一般在灰色卡纸上绘制，灰色介于白色和黑色之间，所以适合于各种材质的绘制，同时更加能够体现金属和宝石的质感。水粉颜料覆盖能力强，可以较高地还原颜色的饱和度，是参加设计比赛时所用工具的首选。灰色卡纸和白色卡纸水粉效果表现如图5-1、图5-2所示。

图5-1 灰色卡纸水粉效果表现

图5-2　白色卡纸水粉效果表现

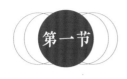 **水粉颜料的金属绘制**

1. 白色平面金属的绘制

水粉颜料白色平面金属的绘制如图5-3所示，通常应注意以下几个方面：

① 先用深色画出金属转折处。

② 使用灰色绘制金属本体，并预留出高光。

③ 使用中间色渐渐调和灰面和暗面，模糊界线。

④ 用深色强调金属边缘，使用白色提亮高光。

图5-3 白色平面金属的水粉表现

2. 白色弧面金属的绘制

水粉颜料白色弧面金属的绘制如图5-4所示，通常应注意以下几个方面：

① 先用深色画出金属转折处。

② 使用灰色绘制金属本体，并将暗面加深。

图5-4 白色弧面金属的水粉表现

③ 使用中间色渐渐调和灰面和暗面，模糊界线。

④ 用深色强调金属边缘和明暗交界线，使用白色提亮高光。

3. 黄色平面金属的绘制

水粉颜料黄色平面金属的绘制如图5-5所示，通常应注意以下几个方面：

① 先用深色画出金属转折处。

② 使用深一点的黄色绘制金属本体，初步确定金属亮、灰、暗面。

③ 使用纯度较高的黄色绘制亮面，渐渐过渡并模糊界线。

④ 用深色强调金属边缘，继续精致地刻画细节。

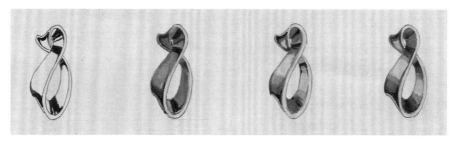

图5-5　黄色平面金属的水粉表现

4. 黄色弧面金属的绘制

水粉颜料黄色弧面金属的绘制如图5-6所示，通常应注意以下几个方面：

① 先用深色画出金属转折处。

② 使用较深的黄色绘制金属本体，并将暗面加深。

③ 使用纯度较高的黄色绘制亮面，渐渐过渡并模糊界线。

④ 用深色强调金属边缘和明暗交界线，提亮亮部。

图5-6　黄色弧面金属的水粉表现

 **水粉颜料的刻面型宝石绘制**

1. 椭圆形刻面宝石的绘制

水粉颜料椭圆形刻面宝石的绘制如图5-7所示，通常应注意以下几个方面：

① 用黑色笔画出宝石刻面，并铺上红色固有色，同时确定光源位置，根据光源绘制亮、灰、暗面。

② 使用白色画出亮面。

③ 使用白色画出宝石刻面线条。

④ 用白色在台面画出米字形射线增加透明感。

图5-7　椭圆形刻面宝石的水粉表现

2. 水滴形刻面宝石的绘制

水粉颜料水滴形刻面宝石的绘制如图5-8所示，通常应注意以下几个方面：

① 用黑色笔画出宝石刻面，并用铺上蓝色固有色，同时确定光源位置，根据光源绘制亮、灰、暗面。

② 使用白色画出亮面。

③ 使用白色画出宝石刻面线条。

④ 用白色在台面画出米字形射线增加透明感。

图5-8　水滴形刻面宝石的水粉表现

3. 祖母绿型刻面宝石的绘制

水粉颜料祖母绿型刻面宝石的绘制如图5-9所示，通常应注意以下几个方面：

① 用黑色笔画出宝石刻面，并铺上绿色固有色，同时确定光源位置，确定亮、灰、暗面。

② 使用白色画出亮面。

③ 使用白色画出宝石刻面。

④ 用白色在台面画出宝石底部线条增加透明感。

图5-9　祖母绿型刻面宝石的水粉表现

4. 刻面型钻石的绘制

水粉颜料绘制钻石，最适合绘制在黑色卡纸上。以下为水粉刻面型钻石绘制技巧：

① 准确绘制好宝石的琢型和切面，绘制线条要干净利落，否则体现不出钻石坚硬的质感。

② 确定好光源位置，根据光源位置面绘制亮、灰、暗面。

③ 在绘制亮面时，可以根据切面整面铺上白色，增强钻石的立体感。

如图5-10所示为黑卡纸上钻石的水粉表现。

此外，还有另一种方法，如图5-11所示先用大面积色彩确定宝石的亮、

图5-10 黑卡纸上钻石的水粉表现（一）

暗面，然后再绘制宝石的琢型线条。无论用什么方法，都要注意用干净利落的
线条刻画出宝石的刻面，然后根据明暗关系调整亮、暗面。如图5-12所示用
灰卡纸绘制钻石时，则要注意使用的颜色，灰卡纸底色不如黑卡纸深，所以需
要用黑色来加深钻石的暗面。

图5-11　黑卡纸上钻石的水粉表现（二）

图5-12　灰卡纸上钻石的水粉表现

 **第三节　水粉颜料的弧面型宝石绘制**

　　水粉颜料绘制弧面型宝石，与用彩色铅笔绘制的方法基本一致。根据宝石
的种类，先绘制固有色，然后区分亮、暗面，表面有花纹或者肌理的宝石要绘
制出来，最后点上高光即可。如图5-13～图5-15所示为弧面型宝石的水粉
表现和珍珠的水粉表现。

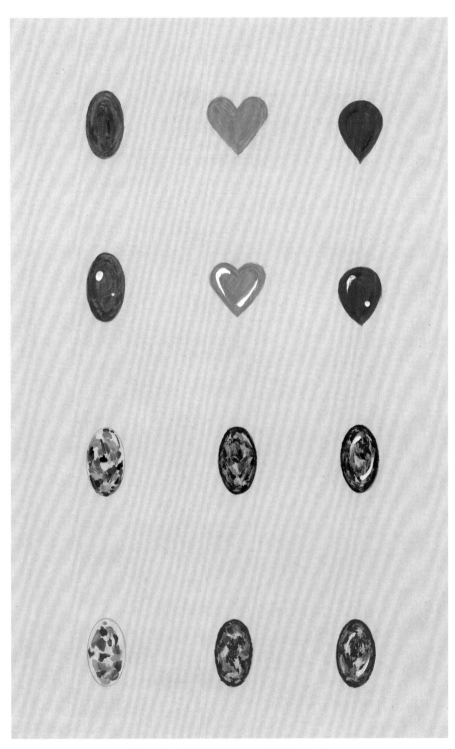

图5-13 弧面型宝石的水粉表现（一）

图5-14 弧面型宝石的水粉表现（二）

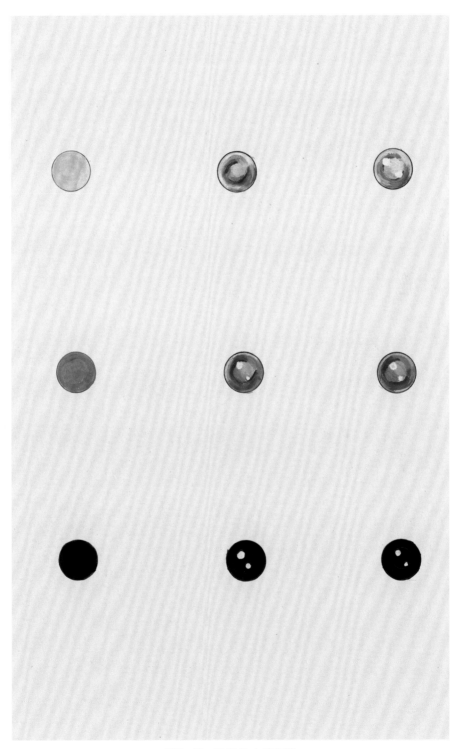

图5-15　珍珠的水粉表现

水粉表现宝石的综合练习如图5-16、图5-17所示。

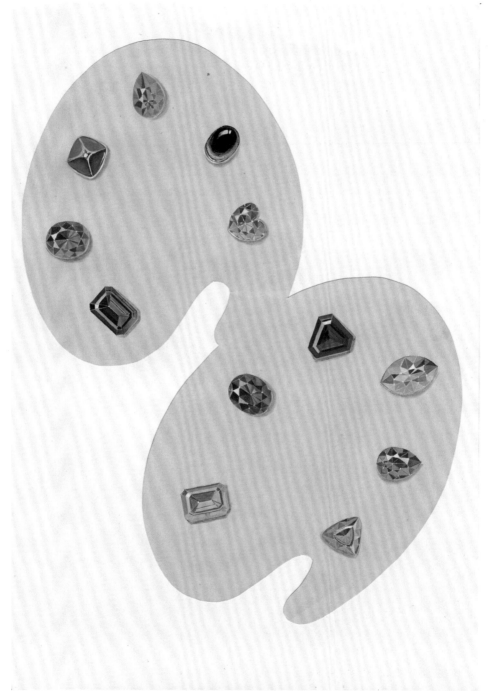

图5-16　水粉表现宝石的综合练习（一）

图5-17　水粉表现宝石的综合练习（二）

水粉颜料的综合表现

水粉颜料的综合表现效果图，见图5-18～图5-25。

图5-18 水粉颜料的综合表现效果图（一）

图5-19 水粉颜料的综合表现效果图（二）

图5-20　水粉颜料的综合表现效果图（三）

图5-21　水粉颜料的综合表现效果图（四）

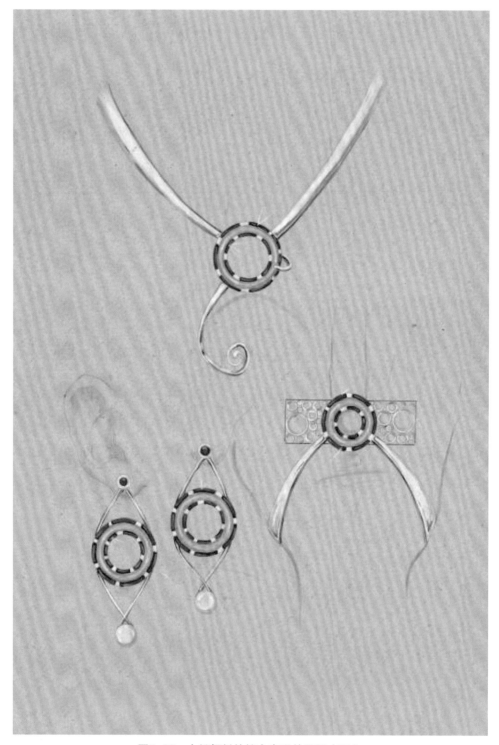

图5-22　水粉颜料的综合表现效果图（五）

图5-23　水粉颜料的综合表现效果图（六）

图5-24　水粉颜料的综合表现效果图（七）

图5-25　水粉颜料的综合表现效果图（八）

第六章

水彩颜料的综合表现技法

　　水彩颜料的最大优势就在于"清透感"，因为在绘制的过程中会大量使用到水，所以画出来的作品会具有一定的"水感"，如图6-1所示，这也是很多首饰设计师偏爱水彩的原因之一。尤其在绘制翡翠这类比较水润的宝石时，水彩的优势就完全凸显出来了（图6-2）。

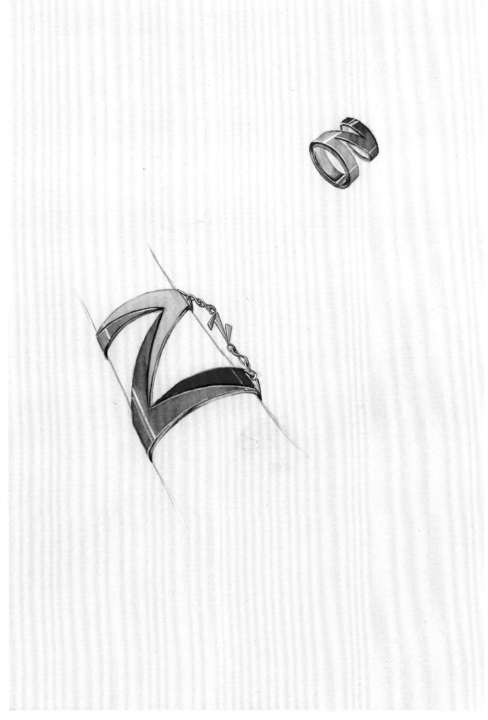

图6-1 淡雅的水彩效果

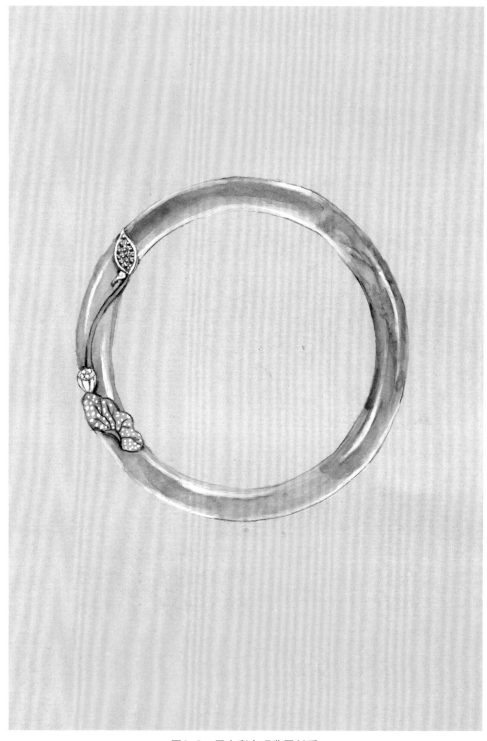

图6-2 用水彩表现翡翠材质

　　同时水彩也可以通过水量的控制，画出厚重感，满足不同的设计需求，同时也让整套作品看上去更有层次感（图6-3）。

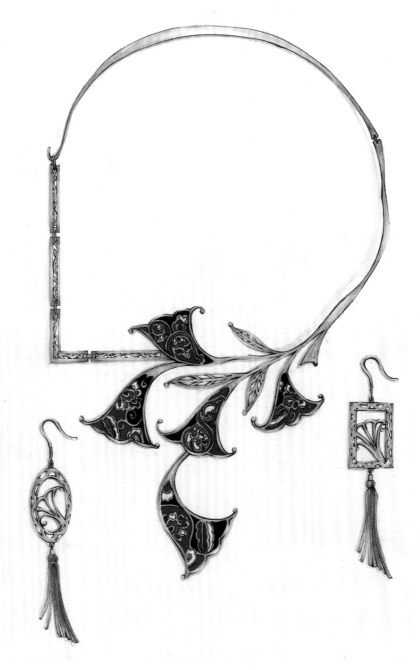

图6-3　浓厚的水彩效果

水彩颜料的金属绘制

1. 白色平面金属的绘制

水彩颜料白色平面金属的绘制如图6-4所示，通常应注意以下几个方面：

① 在金属的转折处用黑色绘制。

② 用浅色从深色处轻轻晕开，绘制金属的固有色。

③ 用清水对明暗交界线进行过渡，缓和笔触，并用白色刻画高光。

④ 慢慢晕染亮面，增加金属光泽感。

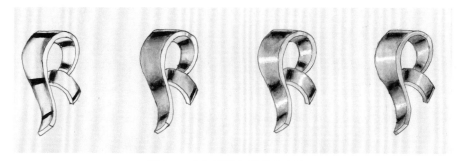

图6-4　白色平面金属的水彩表现

2. 白色弧面金属的绘制

水彩颜料白色弧面金属的绘制如图6-5所示，通常应注意以下几个方面：

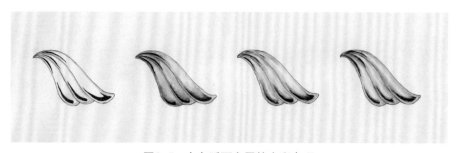

图6-5　白色弧面金属的水彩表现

① 在金属的转折处用黑色绘制。

② 用浅色从深色处轻轻晕开，绘制金属的固有色。

③ 用清水对明暗交界线进行过渡，缓和笔触，仔细留出高光位置。

④ 慢慢晕染亮面，增加金属光泽感（图6-5）。

3. 黄色平面金属的绘制

水彩颜料黄色平面金属的绘制如图6-6所示，通常应注意以下几个方面：

① 在金属的转折处用深色绘制，并用浅黄色绘制金属固有色。

② 用较深的黄色从深色处轻轻晕开，直到金属全部变成金色。

③ 用清水对明暗交界线进行过渡、缓和笔触，并用白色刻画高光。

④ 慢慢晕染亮面和高光，增加金属光泽感。

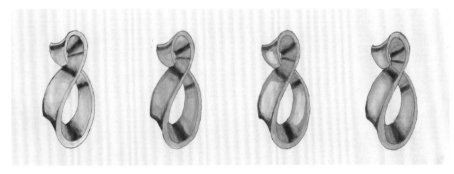

图6-6 黄色平面金属的水彩表现

4. 黄色弧面金属的绘制

水彩颜料黄色弧面金属的绘制如图6-7所示，通常应注意以下几个方面：

① 在金属的转折处用深色绘制，并用浅黄色绘制金属固有色。

图6-7 黄色弧面金属的水彩表现

② 用较深的黄色从深色处轻轻晕开，直到金属全部变成金色。

③ 用清水对明暗交界线进行过渡、缓和笔触，并用白色刻画高光。

④ 慢慢晕染亮面和高光，增加金属光泽感。

第二节   水彩颜料的宝石绘制

使用水彩颜料绘制刻面型宝石时，不需要晕染，只要将宝石的刻面，一块一块画出来即可，绘制方法可以参考刻面宝石的水粉绘制方法。弧面型宝石则需要运用晕染，体现宝石水润的效果。

1. 翡翠的绘制

水彩颜料翡翠的绘制如图6-8所示，通常应注意以下几个方面：

① 使用绿色浅浅地绘制一遍固有色。

② 加深固有色。

③ 绘制宝石的明暗交界线，确定亮、灰、暗面。

④ 根据宝石的光源面，绘制白色高光。

图6-8　翡翠的水彩表现

2. 绿松石的绘制

水彩颜料绿松石的绘制如图6-9所示，通常应注意以下几个方面：

① 使用淡蓝色浅浅地绘制一遍固有色。

② 加深固有色。

③ 绘制宝石的明暗交界线，确定亮、灰、暗面。

④ 根据宝石的光源面绘制白色高光。

图6-9 绿松石的水彩表现

3. 珊瑚的绘制

水彩颜料珊瑚的绘制如图6-10所示，通常应注意以下几个方面：

① 使用红色浅浅地绘制一遍固有色。

② 加深固有色。

③ 绘制宝石的明暗交界线，确定亮、灰、暗面。

④ 根据宝石的光源面绘制白色高光。

图6-10 珊瑚的水彩表现

4. 黑欧泊的绘制

水彩颜料黑欧泊的绘制如图6-11所示，通常应注意以下几个方面：

① 用黑色笔绘制宝石椭圆形外轮廓。

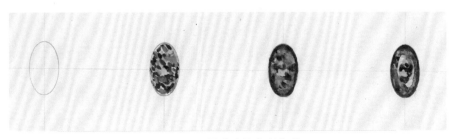

图6-11 黑欧泊的水彩表现

② 用纯度较高的各种颜色，绘制黑欧泊特有的变彩。

③ 用清水淡淡晕染开绘制好的颜色，注意晕染面积不要太大，以免画脏。

④ 用白色绘制出宝石的高光，增加质感。

5. 火欧泊的绘制

水彩颜料火欧泊的绘制如图6-12所示，通常应注意以下几个方面：

① 用黑色笔绘制宝石椭圆形外轮廓。

② 用纯度较高的各种颜色，绘制火欧泊特有的变彩。

③ 用清水淡淡晕染开绘制好的颜色，注意晕染面积不要太大，以免画脏。

④ 用白色绘制出宝石的高光，增加质感。

图6-12　火欧泊的水彩表现

6. 淡水珍珠的绘制

水彩颜料淡水珍珠的绘制如图6-13所示，通常应注意以下几个方面：

① 用黑色笔绘制出圆形轮廓。

② 淡淡铺上一层固有色。

③ 用深色绘制珍珠的明暗交界线，并慢慢晕染。

④ 使用白色绘制珍珠的高光。

图6-13　淡水珍珠的水彩表现

7. 海水珍珠的绘制

水彩颜料海水珍珠的绘制如图6-14所示，通常应注意以下几个方面：

① 用黑色笔绘制出圆形轮廓。

② 淡淡铺上一层固有色。

③ 用深色绘制珍珠的明暗交界线，并慢慢晕染。

④ 使用白色绘制珍珠的高光。

图6-14　海水珍珠的水彩表现

8. 异型珍珠的绘制

水彩颜料异型珍珠的绘制如图6-15所示，通常应注意以下几个方面：

① 用黑色笔绘制出异型珍珠轮廓。

② 淡淡铺上一层固有色。

③ 根据异型珍珠的起伏，用深色绘制明暗交界线，并慢慢晕染。

④ 使用白色绘制珍珠的高光。

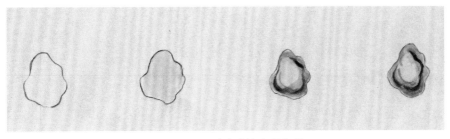

图6-15　异型珍珠的水彩表现

第三节　水彩颜料的综合表现

水彩颜料的综合表现效果图，见图6-16～图6-19。

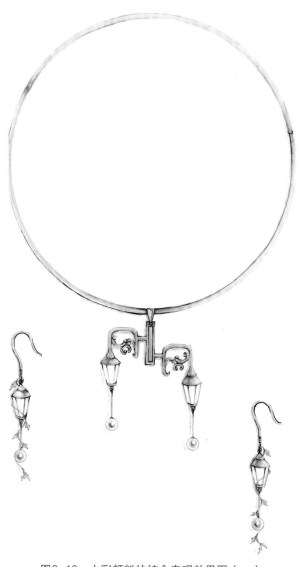

图6-16　水彩颜料的综合表现效果图（一）

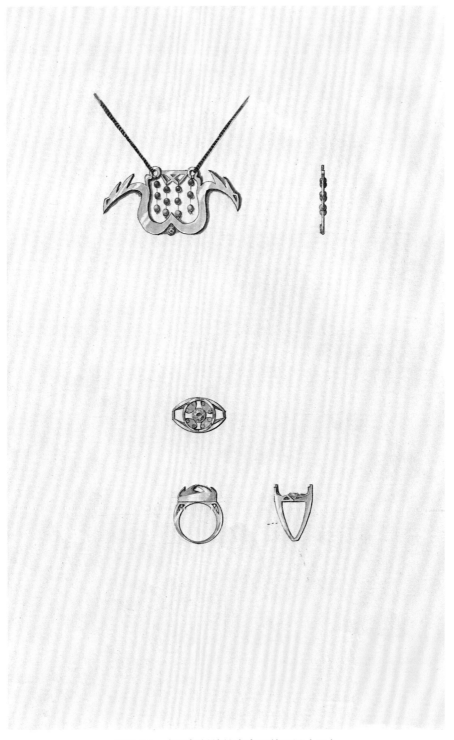

图6-17 水彩颜料的综合表现效果图（二）

图6-18　水彩颜料的综合表现效果图（三）

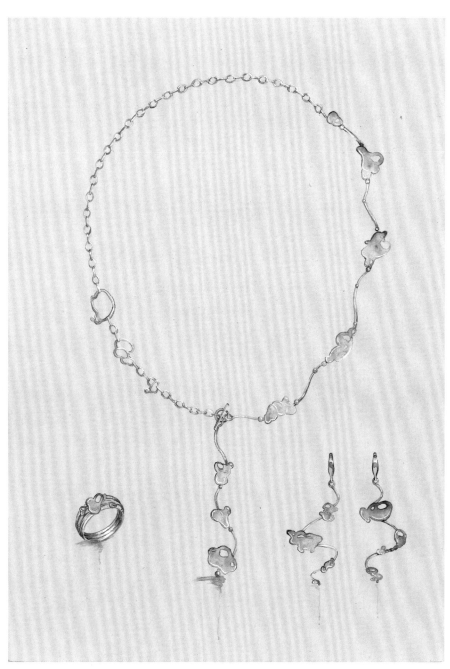

图6-19 水彩颜料的综合表现效果图（四）

第七章
首饰设计构图与后期处理

 首饰设计构图与三视图

  首饰效果图绘制的构图与绘画构图一样，采用宁上勿下的原则。一般情况下，使用A4纸纵向绘制，也有根据设计需要采用横向构图。

  套件首饰构图时，如有项饰一般将项饰放在中央，套件首饰的其他放在空白处，如两边或者是项链中央空白（图7-1、图7-2）。

图7-1　套件构图（一）

图7-2　套件构图（二）

　　首饰设计的三视图，是能够正确反映首饰长、宽、高尺寸和设计细节的结构图。包括：正视图、上视图和侧视图三个视图（图7-3）。通常，戒指是一定要绘制三视图的，三视图可以是不用上色的结构图（图7-4）。

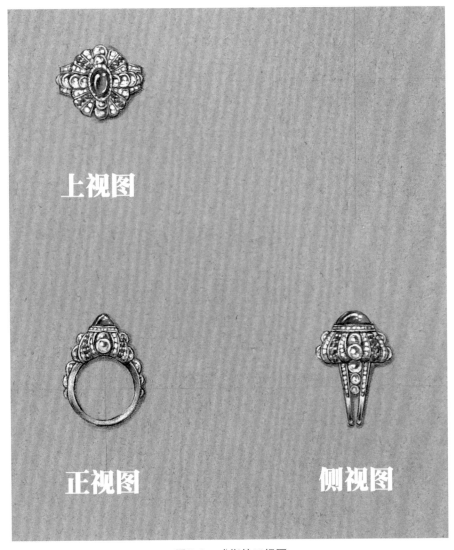

图7-3　戒指的三视图

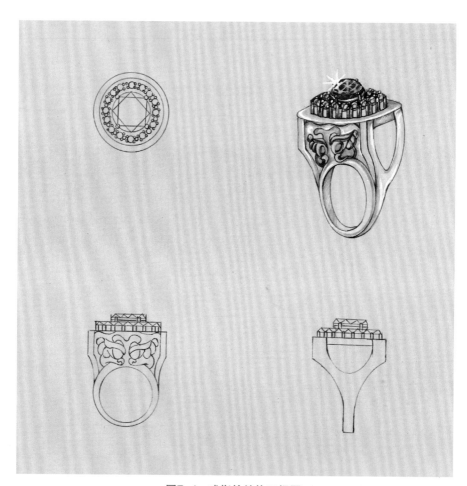

图7-4　戒指的结构三视图

　　二视图包括正视图和侧视图（图7-5），是大部分首饰基本的绘制视图，正视图为主观赏面，侧视图为对侧面结构的表现。也可以根据首饰的具体款式和结构的需要，增加第三个视图（图7-6）。

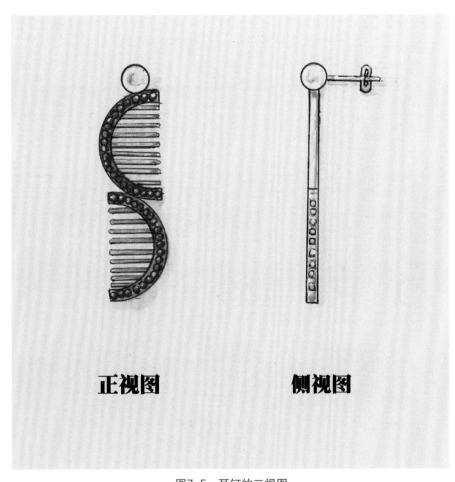

正视图　　　　　　　　　侧视图

图7-5　耳钉的二视图

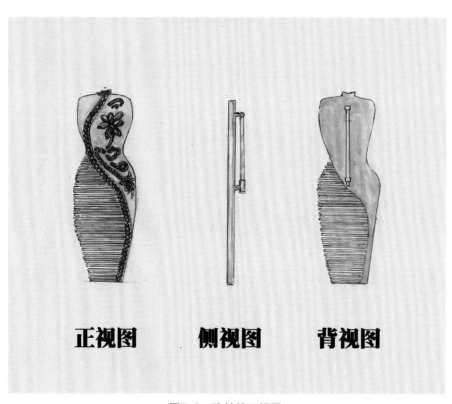

正视图　　　　侧视图　　　　背视图

图7-6　胸针的三视图

 **首饰设计综合表现技法的后期处理**

在参加设计比赛时，设计师们提交的作品，往往并不满足于只是单纯的手绘稿，而纸张的版面也不仅仅用于绘制首饰。绘制出精美的首饰设计图固然重要，效果图的后期处理也十分重要，往往加入一些元素，可以帮助观者更好地理解设计师的设计理念。

最常见的就是将人体加入画面，更好地诠释设计作品的佩戴效果（图7-7、图7-8），或者将扫描后的手绘图，通过使用Photoshop等软件进行后期处理，使画面更加丰富（图7-9、图7-10），看上去不那么单调。还有就是在参加设计比赛时，为了更直观地让评委理解设计师的设计意图，会在画面上加入一些相关元素（不含个人信息），通过画面来说明设计，有的会加入一些设计元素。如图7-11所示设计师的设计灵感来源于广东省的地图，为了让观众更好地理解，设计师在一旁绘制了广东省地图的概括图形，让观众更好地产生联想。也可以采用文字与图案相结合的方式，来诠释设计师的设计作品（图7-12）。

当然综合表现技法的后期处理，完全不局限于上述几种，对于综合表现技法来说，设计师设计的不仅仅是首饰，而是整个画面。当然，首饰是当之无愧的主角，但是整体的画面效果也需要设计师自己去把控，这样才能将综合表现技法灵活地运用起来。

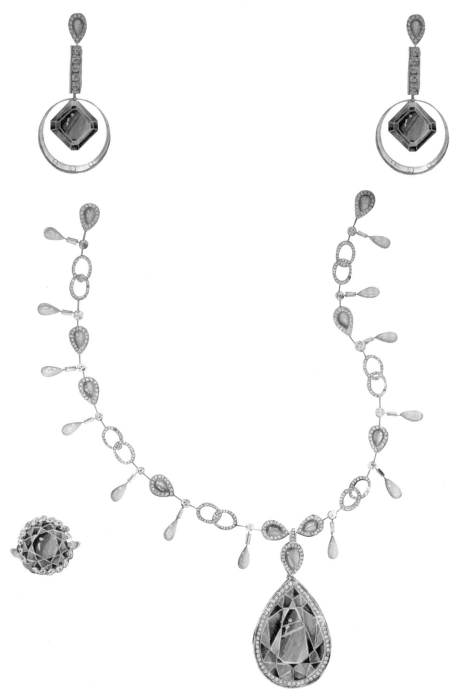

图7-7　综合表现技法后期处理效果图（一）

图7-8 综合表现技法后期处理效果图（二）

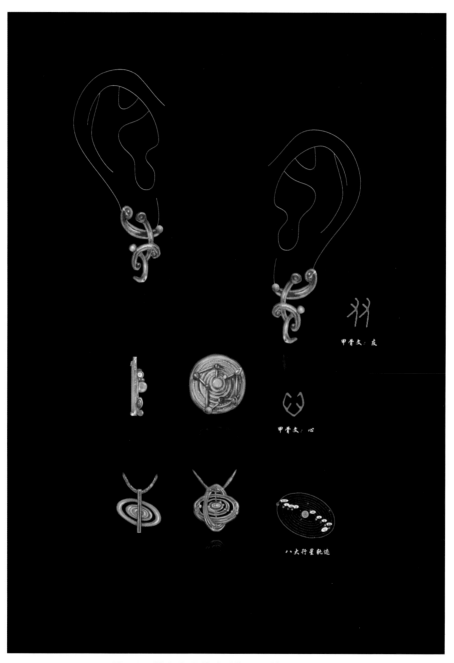

图7-9 综合表现技法后期处理效果图（三）

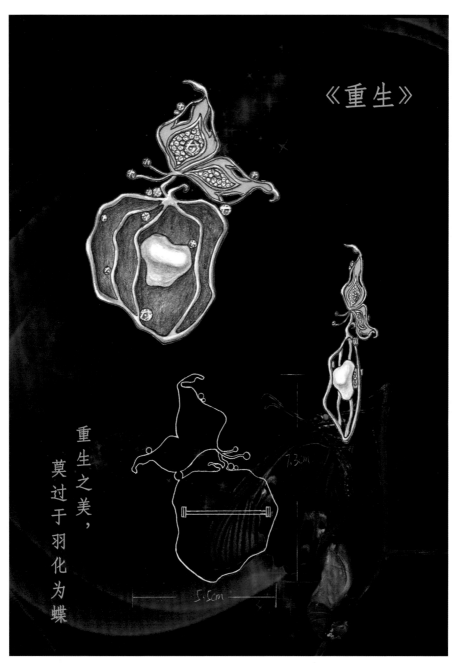

图7-10　综合表现技法后期处理效果图（四）

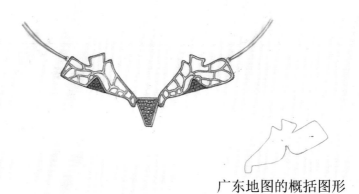

广东地图的概括图形

图7-11 综合表现技法后期处理效果图（五）

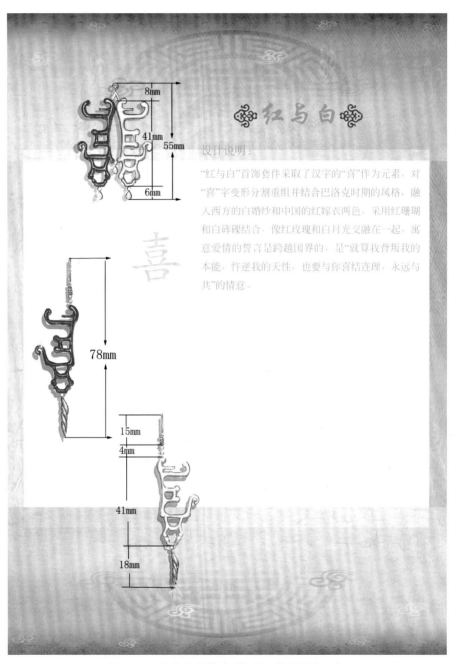

设计说明：

"红与白"首饰套件采取了汉字的"喜"作为元素，对"喜"字变形分割重组并结合巴洛克时期的风格，融入西方的白婚纱和中国的红嫁衣两色，采用红珊瑚和白砗磲结合，像红玫瑰和白月光交融在一起，寓意爱情的誓言是跨越国界的，是"就算我背叛我的本能，忤逆我的天性，也要与你喜结连理，永远与共"的情意。

图7-12　综合表现技法后期处理效果图（六）

最后，总结一下学习综合表现技法，需要牢记以下几点：

① 工欲善其事必先利其器，选择适合自己的绘图工具。

② 不积跬步无以至千里，量变才能产生质变，技法不是一日练成的，需要长期的坚持才能进步。

③ 设计师不仅要有一双会敏锐的眼睛，而且还要善于观察。不但能寻找美，而且更善于发现细节。

④ 成为首饰设计师，需要认真仔细，让画面保持干净和整洁。首饰小巧，方寸之间，所以尽可能使线条和上色精致而细腻。邋遢和脏乱，不符合珠宝首饰的气质。

⑤ 恰到好处的后期处理，会为设计图增光添彩。

参考文献

［1］（日）大场子.珠宝设计绘图入门［M］.蔡美凤译.中国台北：珠宝界杂志，1995.

［2］（日）日本珠宝学院.珠宝设计制作入门［M］.蔡美凤，译.中国台北：珠宝界杂志，2000.

［3］任进.首饰设计基础［M］.武汉：中国地质大学出版社，2003.

［4］邵萍.珠宝首饰设计·手绘技法［M］.北京：人民美术出版社，2007.

［5］朱欢.首饰设计（第2版）［M］.北京：化学工业出版社，2017.